DIE EINHEIT DER NATURKRÄFTE
IN DER THERMODYNAMIK

EINE MATHEMATISCH-PHYSIKALISCH-SPEKULATIVE ABLEITUNG DER CHEMISCHEN, ELEKTRISCHEN UND REIN MECHANISCHEN SONDERKRÄFTE, EINSCHLIESSLICH DER SCHWERKRAFT AUS DER KINETISCHEN ENERGIE BEWEGTER UNELASTISCHER KÖRPER- UND ÄTHER-ATOME

VON

RICHARD WEGNER

MIT EINER PORTRAITVIGNETTE UND ZAHLREICHEN FIGUREN

LEIPZIG
VERLAG VON VEIT & COMP.
1904

Robert Mayer

nach einem Daguerreotyp aus dem Jahre 1848

Druck von Metzger & Wittig in Leipzig.

Vorwort.

Eifrig ist man an der Arbeit, die physikalischen Theorien auszubauen und das gewonnene Terrain durch mühselige experimentelle Kleinarbeit zu stützen. Wenn auch der Zusammenhang des Ganzen nicht immer aus den Augen verloren wird, so bringt es doch die Zerspaltung der Physik in zahlreiche Sondergebiete, von denen jedes die ganze Kraft eines Mannes beansprucht, mit sich, daß dieser Zusammenhang nicht immer so gewürdigt wird, wie er es verdient. Im Gegenteil liegt die Gefahr nahe, daß die Physik sich in Spezialhypothesen zersplittert, die Sondergebiete der theoretischen Durchdringung, der speziellen Erkenntnis näher bringen, für den Zusammenhang aber nichts leisten. Der richtig verstandene Zusammenhang der Sondergebiete aber, das Gemeinsame, das mechanische, akustische, optische, chemische, elektrische, magnetische usw. Naturerscheinungen erkennen lassen ist aber meiner Meinung nach der fruchtbare Boden, auf den sich die Naturwissenschaft immer wieder zu stellen hat, um für die allgemeine und schließlich auch für die spezielle Erkenntnis fruchtbar zu bleiben. Das hat u. a. die mechanische Wärmetheorie bewiesen. Es hat nun natürlich nicht an Versuchen gefehlt, allgemein gültige Grundsätze aufzustellen. Es gibt eine Methode, die zu jenem Gemeinsamen auf induktivem Wege gelangen will und die sich viele Anhänger erworben hat, das ist die MAXWELLsche Theorie. Ich bin der Meinung, daß die letzten dynamischen Ursachen der Naturkräfte unmöglich so kompliziert sein können, als sie sich nach den Theorien im Sinne der MAXWELLschen darstellen. Überhaupt sind elektrische Kräfte, auf die sich jene Theorien stützen, keine einfachen Kräfte, sondern Kraftkomplexe, deren Hauptkomponente, die Anziehungskraft, wieder als einfach nicht vorstellbar bezeichnet werden muß. Elektrische Kräfte haben also wieder Ursachen und die MAXWELLschen Erklärungen sind eigentlich nur Stipulationen.

Ich will nun hier versuchen, mich wieder auf den ganz allgemeinen Boden zu stellen um zu den verschiedenen Formen der Naturkräfte auf deduktivem Wege zu gelangen. Ich gehe dabei von der einfachsten Energieform aus, von der kinetischen Energie bewegter Massen, die unzweifelhaft als einfach vorstellbar ist und nichts Metaphysisches enthält, als die Masse, von der ich nicht abstrahiere. Daraus wird sich die potentielle Energie ableiten lassen, die Anziehungskraft, zunächst unter den Atomen selbst, dann unter Atomkomplexen. Und die in ihren Bedingungen festgelegte Anziehungskraft, Bedingungen, die erfüllt sein müssen, wenn die Anziehungskraft als solche auftreten soll, diese Anziehungskraft also, die als etwas Gemeinsames bei allen Sonderkräften der Natur beobachtet werden kann, soll zum Aufbau der Sonderkräfte benutzt werden. Natürlich kann es sich zunächst nur um eine Skizze in großen Zügen handeln.

Bisher ist man zum Teil von der Ansicht ausgegangen, daß die Wirkungen der Naturkräfte, so wie sie in die Erscheinung treten, sehr einfache seien, ihre letzten Ursachen dagegen sehr komplizierte. Ich komme nun natürlich zu dem entgegengesetzten, aber auch plausibleren Resultate, das die Mannigfaltigkeit der Naturerscheinungen erklärlich macht. Deshalb hat es für den Praktiker zuerst den Anschein, als ob die hier zu entwickelnde Theorie eher verwirre als aufkläre. Der praktische Chemiker z. B., der gewohnt ist, seine Reaktionen rein kasuistisch zu behandeln, wird schwer zu überzeugen und noch weniger zu bewegen sein, chemische Reaktionen nach den Regeln der Mechanik durchzurechnen. Das ist aber auch gar nicht notwendig. Für den Praktiker ist die Theorie vorerst überhaupt nicht verwendbar. Erst später, wenn sie vertieft ist, werden sich praktische Regeln herausbilden, nach denen man die Tatsachen ebenso einfach stipulieren kann, wie mit den heutigen kasuistischen Festsetzungen. Vorerst liegt ihr Gewinn auf dem Gebiete der Erkenntnistheorie, und der sollte nicht zu niedrig angeschlagen werden.

Die Theorie wird dieselben Schicksale haben, wie die mechanische Wärmetheorie. Wie bei allem Neuen, mag es sich noch so sehr durch lapidare Einfachheit und praktische Ergiebigkeit empfehlen, wird es eine Zeitlang dauern, bis es sich Bahn brechen kann; dessen bin ich gewiß. Wo Neues anerkannt wird, muß Altes verschwinden, oder doch wenigstens modifiziert werden. —

Altes, das oft die Lebensaufgabe verdienstvoller Männer gewesen ist, deren Widerstand gegen das Eindringen des Neuen psychologisch verständlich ist. Aber schließlich dringt das Zweckmäßige doch durch. Die Zeit wird kommen, in der die von mir entwickelte Theorie auf der ganzen Linie gesiegt haben wird.

Wie sagt doch TURGENJEFF im siebenten Gedicht der Sammlung Senilia:

„Laßt uns nur darauf sehen, daß das, was wir darbieten, in der Tat nützliche Speise sei."

Friedrichshagen, Mai 1904.

Richard Wegner

Inhalt.

Vorbemerkungen zur Kennzeichnung unseres Systems.

Wenn wir den Ton auf Äußerlichkeiten legen, können wir verschiedene Arten Naturkräfte unterscheiden. Man könnte sie nach ihrer äußeren Qualität etwa in vier Kategorien einteilen, in chemische, elektrische, magnetische und rein mechanische Kräfte. Zu den letzten hätte man die Anziehungskraft im allgemeinen, besonders auch die der Schwerkraft zu rechnen. Diese Einteilung ist natürlich ganz willkürlich, man könnte ebensogut mehr wie weniger Kategorien aufstellen, es kommt darauf an, was man für die markantesten Eigenarten der Kräfte hält, nach denen man sie ordnen will.

Von den Kräften der organischen Welt als solchen sehen wir hier ganz ab. Sie bieten an sich auch keine Besonderheiten, und man kann sie unschwer in die Kategorien der anorganischen einreihen.

Obwohl nun die verschiedenen Naturkräfte äußerlich recht verschiedenartig in Erscheinung treten, hat es nie an Versuchen gefehlt, sie kausal unter einen Gesichtspunkt zu bringen. Bis jetzt ist aber keiner dieser Versuche so ausgefallen, daß er das Kausalitätsbedürfnis des Naturwissenschaftlers befriedigen könnte. Es sind mehr oder weniger vage Spekulationen ohne sichere Grundlage, die die Situation mehr verwirren, als klären und vereinfachen.

Die idealistischen Systeme davon interessieren uns hier überhaupt nicht. Aber wir gehen auch auf keine der realen Versuche an dieser Stelle ein und erwähnen nur gelegentlich einige.

Wir wollen nun hier einen neuen Versuch machen, den Kräften des Weltalls eine einheitliche Grundlage zu geben, und wie wir hoffen, einen erfolgreichen.

Die Kräfte äußern sich im Grunde nur durch Anziehungserscheinungen bzw. deren Gegenteil. In diesem Sinne könnte man von nur einer Naturkraft — der Anziehungskraft — reden, die nach ihren Begleiterscheinungen als chemische, elektrische usw. Sonderkraft auftritt. Aber auch die Anziehungskraft als Grundlage der verschiedenen Kräfte ist als einfach nicht vorstellbar, sie muß eine sekundäre Wirkung anderer elementarer Kräfte sein. Als solche elementare einfache Kraft werden wir in dieser Arbeit die kinetische Energie bewegter Materie ansehen. Von ihr leiten wir die Anziehungskraft und davon die übrigen Kraftmodifikationen ab.

Unsere spezielle Grundlage ist dabei an sich durchaus nicht neu, sondern die der modernen Naturwissenschaft allgemein geläufige, daß die Materie aus bewegten diskreten Teilchen bestehe. Wir wollen nun hier zeigen, daß diese Hypothese genügt, wenn man sie, was ja auch nicht neu ist, auch auf den Äther bezieht, um alle Kräfte des Weltalls als rein mechanische Konsequenzen daraus herzuleiten. Sobald wir annehmen, die Welt sei voller bewegter Stoffteile, so müssen wir auch erwarten, daß diese Stoffteile oder Atome durch ihre Bewegung allein Anziehungskräfte hervorbringen, daß sie Körper bilden, zum Teil schwer werden, was sie vorher nicht waren, daß sie unter Umständen chemisch verwandt, elektrisch und magnetisch werden müssen; allein durch ihre Bewegung, ohne irgend welche Nebeneigenschaft als die, daß sie eben Stoff mit einer bestimmten Masse sind, und zwar Stoff von einer einzigen Stoffsorte, welche Eigenschaft er auch in seinem chemischen Verhalten zeigt.

Unsere Urgrundlage bilden also bewegte Stoffatome ohne irgend welche besondere Eigenschaft, nur mit einer bestimmten Masse und einer gewissen kinetischen Energie ausgestattet, die den Weltenraum erfüllen.

Wir brauchen zum Aufbau unserer Welt weiter keine Kräfte, denn alles andere erklären wir in dieser Arbeit als sekundäre Wirkung unserer Urkraft, der kinetischen Energie der Atome.

Wir gehen aber auch nicht weiter in der Entwicklung zurück. Es kümmert uns hier gar nicht, wo die Atome und der Weltenraum herkommen.

Da wir von Bekanntem ausgehen, müssen wir in der Entwicklung unserer Theorie neben Neuem viel Bekanntes bringen, ehe wir in unsere eigentlichen Untersuchungen eintreten. Und das Neue müssen wir oft zunächst unbewiesen lassen, bis wir die notwendigen Hilfsbegriffe entwickelt haben. Uns liegt namentlich daran, den Temperaturbegriff vorher mathematisch festzulegen, da er einesteils für unsere Entwicklungen von Wichtigkeit ist und sich andernteils vorzüglich zur Einführung und Gewöhnung an molekulare Vorstellungen eignet, die, es kann nicht geleugnet werden, für den exakten Physiker etwas Unsympathisches haben. Was man nicht definieren kann, das sieht man als molekulare Vorgänge an.

Wir hingegen meinen, daß es bei molekularen Betrachtungen nichts geben darf, was undefiniert bleibt. Die Molekelwelt muß eine Welt sein, in der es noch keine Koeffizienten — und wie die Notbehelfe alle heißen — gibt, wir wollen uns deshalb bemühen, uns keine Koeffizienten zuschulden kommen zu lassen.

In den ersten fünf Abschnitten, im ersten Teil der Arbeit, werden wir uns eingehend mit der Temperatur und ihren Hilfswerten beschäftigen, um im zweiten Teil, im Abschnitt sechs, in unsere eigentliche Entwicklung einer einheitlichen Grundlage aller Naturkräfte, in die Interferenztheorie, wie wir unsere Theorie nennen wollen, einzutreten und damit in den folgenden Abschnitten die mechanischen, chemischen und elektromagnetischen Sonderkräfte von unserer elementaren Grundannahme ohne andere Hilfsannahmen abzuleiten.

Wir befleißigen uns bei der Ableitung der Kräfte also mit Absicht einer gewissen Einseitigkeit im Sinn unserer Theorie, um zu zeigen, daß sie sich zwanglos in ihren Rahmen einfügen.

Leider müssen wir uns oft versagen, naheliegende Beispiele aus den betreffenden Gebieten numerisch durchzurechnen, weil dies einesteils zuviel Raum beanspruchen und die Entwicklung der Theorie noch unübersichtlicher gestalten würde und weil anderenteils ein großer Mangel an exakten Experimentalwerten, namentlich Dichtebestimmungen, herrscht. Die Angaben fehlen oft ganz oder sind außerordentlich verschieden. Man merkt das erst, wenn man die Werte benutzen will.

Eine eingehendere Behandlung der Theorie muß bedeutend umfangreicheren Arbeiten Berufener aus den Spezialgebieten vorbehalten bleiben. Diese dafür zu interessieren, ist der Zweck dieser Einleitung in die Interferenztheorie.

Das Kriterium der Theorie sei ihre praktische Leistungsfähigkeit.

Erster Teil.

Die Temperatur.

1.

Grundlagen aus der mechanischen Wärmetheorie.

Wird einem Körper die Wärmemenge dQ zugeführt, so ändert sich sein Energiegehalt um JdQ, wenn J der Reduktionsfaktor ist, durch den eine gegebene Wärmemenge in mechanisches Arbeitsmaß ausgedrückt werden kann. J ist konstant, sein Wert, der zuerst von ROBERT MAYER[1] aufgestellt, später von JOULE u. a. genauer angegeben wurde, beträgt beiläufig für jede Grammkalorie etwa $4{,}2 \cdot 10^7$ Erg oder 0,425 kg. Man nennt J auch das mechanische Arbeitsäquivalent der Wärme und formuliert diese Beziehung zum ersten Hauptsatz der mechanischen Wärmetheorie, der hiernach lautet: „Wärme und Arbeit sind äquivalent, Arbeit kann aus Wärme gewonnen und Wärme durch Arbeit erzeugt werden".

Die Energiemenge JdQ kann teils zur Vermehrung der inneren Energie U des Körpers, teils zur Leistung einer Arbeit dW dienen.

Wir haben dann

$$JdQ = dU + dW. \tag{1}$$

Die innere Energie U eines Körpers denkt man sich als Bewegung, als kinetische Energie seiner Bestandteile, also seiner Molekeln. Die Molekeln können sich fortschreitend und um ihre Achse bewegen, sie besitzen also eine kinetische Energie der fortschreitenden und der drehenden Bewegung, deren Summe U

[1] Zuerst spricht MAYER in einem Briefe an den Mathematiker BAUR in Tübingen vom 24. Juli 1841 von der Äquivalenz von Wärme und Arbeit. Ein Aufsatz darüber: „Über die unbelebten Kräfte der Natur", erschien zuerst 1842 in den LIEBIG nahestehenden Annalen der Chemie und Pharmazie.

wäre. Die zweite ist eine Funktion der ersteren, mit dieser wirken sie aufeinander und auf die Umgebung des Körpers ein, geben an ihre Umgebung davon ab oder empfangen davon, je nachdem sie größer oder kleiner ist, als dieselbe Energie jener. In U steckt noch eine andere Energie, von deren Nachweis wir aber vorläufig, im ersten Teil dieser Arbeit, absehen müssen. Auch auf unsere Tastnerven wirken die Molekeln durch die kinetische Energie der fortschreitenden Bewegungen ein, die uns die Energie als Temperatur der Körper vermitteln. Die Temperatur gibt uns also ein Maß für U, solange durch Änderungen von U nicht Änderungen im Körper und in der Konstellation des Äthers um den Körper herum stattfinden, die wir später kennen lernen werden, und solange die Energie der drehenden Bewegung dem Betrage nach bekannt ist. Das letzte ist bisher im wesentlichen nur bei den Gasen der Fall. Überhaupt ist die Theorie für Flüssigkeiten und feste Körper noch wenig bearbeitet. Für die Gase sind diese Vorstellungen durch Maxwell, Clausius u. a. in mathematische Formen gebracht worden, die wir auch zur Verallgemeinerung der Vorstellungen auf alle Aggregatzustände benutzen wollen.

Ist der Körper mit der Zufuhr von dQ gegen seine Umgebung nicht mehr im Gleichgewicht, so wird er sie im Sinne einer Ausgleichung der Gegensätze beeinflussen. Abgesehen von einem event. Wärmeaustausch wird er sich, wenn dQ positiv ist, gewöhnlich ausdehnen, seine Umgebung zurückdrängen und dadurch eine Arbeit dW leisten. In dW steckt aber auch noch eine andere äußere Arbeit als Funktion von U, die wir schon oben erwähnten und die wir mit unseren Sinnesorganen nicht direkt wahrnehmen, und die relativ groß ist, wenn der Körper den Aggregatzustand ändert.

Die Kenntnis der geschilderten molekularen Bewegungen in festen und flüssigen Körpern und deren Umgebung ist deshalb überaus interessant, weil damit die Bedingungen zur Änderung des Aggregatzustandes, der kritischen Daten der chemischen Affinitäten und chemischen Wärmevorgänge und mehr prinzipiell und numerisch erkannt werden können. Zur Erlangung der Kenntnis braucht man vor allem eine allgemein gültige mathematische Fixierung der Beziehung der Temperatur zur kinetischen Energie der fortschreitenden Bewegung der Moleküle. Im nächsten Abschnitte wollen wir diese Fixierung vornehmen.

2.

Die Temperatur der Körper und ihr mathematischer Ausdruck.

Wenn wir den Temperaturbegriff prüfen, finden wir, daß wir uns die Temperaturempfindung von T Graden ganz allgemein hervorgerufen denken können von einer bestimmten Anzahl Stöße, die schwingende bzw. in fortschreitender Bewegung befindliche Molekeln dem Nerv in der Zeiteinheit erteilen, analog der Schallempfindung. Die Qualität der Schallempfindung, die Tonhöhe hängt ab von der Zahlengröße $\frac{u}{\lambda}$, worin u die fortschreitende Geschwindigkeit des Schalles und λ die Wellenlänge, die Wegstrecke, in der oder nach der je eine Schwingung, ein Stoß erfolgt, bedeutet. Ebenso wollen wir uns also die Höhe einer Temperaturempfindung entstanden denken.

Zur mathematischen Fixierung dieser Vorstellung gehen wir von der Erklärung des Druckes der Gase aus, die nach Daniel Bernoulli Clausius und andere gegeben haben. Danach denkt man sich bekanntlich die Sache so, daß die hin- und herfliegenden Molekeln des Gases durch ihr Bewegungsmoment $m u$ beim Anprall an eine Wand mit einer gewissen Kraft auf sie einwirken und findet als Beziehung zwischen dieser Kraft und der Häufigkeit des Anpralls, eben des Gasdruckes P, und der Fluggeschwindigkeit der Molekeln den Ausdruck

$$P = N \frac{u}{3} m u.$$

Der Ausdruck ist ein Produkt aus dem Bewegungsmoment $m u$ eines Molekels, wenn m dessen Masse ist, in die Anzahl der Stöße als Funktion von $N \frac{u}{3}$, die einem Wandteil in der Zeiteinheit versetzt werden. N bedeutet die Anzahl der Molekeln in der Volumeneinheit.

Der Clausiussche Ausdruck steht also in engem Zusammenhange mit dem Ausdruck für die Temperatur, den wir suchen. Die Temperatur kann wie der Gasdruck, die Schall- und Lichtempfindung als Kraftäußerung schwingender Substanz angesehen werden. Bei den Gasen ist die oberflächliche Identität des Gasdruckes mit der Temperatur auch augenfällig. Aber auch die Flüssigkeiten und festen Körper drücken auf ihre Umgebung, den Äther, wie wir später sehen werden, nur können wir diesen Druck nicht direkt wahrnehmen. Wie schon angedeutet, ist die CLAUSIUS sche Gleichung mit der Gleichung für die Temperatur nur oberflächlich identisch. Es fehlt noch ein Faktor, der die Dichte der Molekeln in der Raum- bzw. Flächeneinheit berücksichtigt. Für Gase ist diese bekanntlich für denselben Druck immer dieselbe. Außerdem ist der Ausdruck auch für den Druck deshalb nicht ganz zutreffend, weil der Durchmesser der Molekeln darin unberücksichtigt geblieben ist, was zwar bei Gasen wenig ausmacht, zur Beurteilung der Vorgänge in flüssigen und festen Körpern aber unbedingt nicht vernachlässigt werden darf, weil er hier im Wert von λ eine große Rolle spielt. Wir wollen deshalb eine für uns brauchbarere fundamentale Gleichung ableiten, die zugleich eine Berichtigung der CLAUSIUS schen Druckgleichung sein wird.

Fig. 1 veranschauliche einen Körper, dessen elementare Bestandteile, dessen Atome sich in Bewegung befinden. Bei A berühre den Körper der perzipierende Nerv.

Die Darstellungsweise ist im wesentlichen entnommen „AUTENHEIMER, Diff.- und Integr.-Rechn.“.

Wir setzen voraus, daß ein Atom sich geradlinig fortbewegt, bis es gegen ein anderes stößt. Dann wird es von der geradlinigen Bewegung gewöhnlich abgelenkt, auch wenn der Stoß zentral war; wie ein Billardball, der mit effet gegen einen andern anschlägt, weil wir für die Atome auch eine Drehbewegung in Anspruch nehmen. Dabei ist es aber unstatthaft und ohne Sinn, dem einfachen Atom die Eigenschaft der Elastizität zuzusprechen. Wie wir später sehen werden, hat man sich in unserer Theorie die Atome einfacher Körper als einfache Stoffteilchen vorzustellen, die also nach unseren Vorstellungen vom Wesen der Elastizität unmöglich elastisch sein können. Bestehen die Körper nicht aus einfachen Atomen, sondern bilden mehrere davon Molekeln und die Gesamtheit dieser den Körper, so bleiben die Atome in unserer Theorie doch diskret und bewegen sich selbständig. Die Atome der Molekeln chemischer Verbindungen sind stofflich ebenfalls nicht zusammenhängend. Immer im Sinne unserer Theorie. Wir kommen im zweiten Teil dieser Arbeit darauf zurück.

Trotz ihrer Unelastizität behalten die Atome ihren mittleren Bewegungszustand bei. Sollten sie an sich infolge ihrer totalen Unelastizität davon verlieren und die kinetische Energie der Molekelmasse kleiner werden, so entsteht eine äquivalente potentielle Energie, die sie in den früheren Bewegungszustand zurückversetzt. In ihrer Gesamtheit sind also die Atome oder Molekeln trotzdem elastisch. Wir müssen dies hier vorgreifend vorausschicken und uns die Ableitung davon für den zweiten Teil vorbehalten.

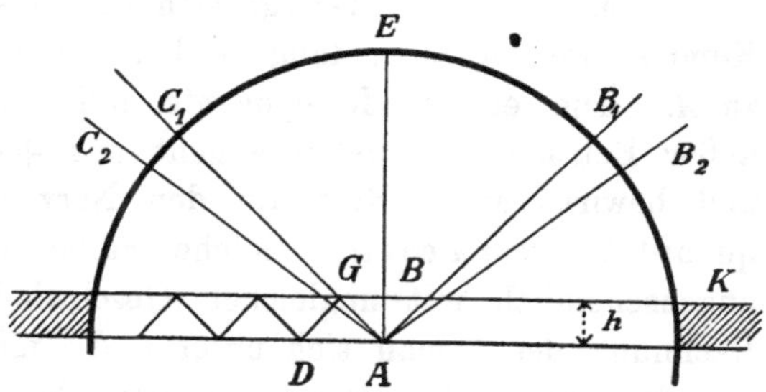

Fig. 1.

Wir setzen auch voraus, daß die Molekeln sich gegenseitig nur beeinflussen, wenn es zur gegenseitigen Berührung kommt. Anziehung und unmechanische Abstoßung als solche gibt es nicht unter ihnen. Wie wir in § 6 sehen werden, lassen sie sich zwanglos als sekundäre Erscheinungen der bewegten Molekeln interpretieren.

Es ergibt sich später, daß wir auch in unserer Theorie trotz unserer Festsetzungen ein Molekül als etwas Einheitliches auffassen dürfen und wollen deshalb in Zukunft kurz von Molekeln und Molekelmasse reden, wenn wir nicht speziell Atome meinen.

Ein Körpermolekel von der Masse m treffe nun in der Richtung BA (Fig. 1) den Nerv mit der Geschwindigkeit u unter einem Winkel $BAE = \alpha$ zum Einfallslot AE, so wird diese Masse in der Ebene ABE unter einem Winkel $EAC = \alpha$ und mit derselben Geschwindigkeit u längs AC nach C geworfen; dann von C wieder zurückgeworfen, längs CD nach D fliegen u. s. f. Ist K ein fester Körper oder eine Flüssigkeit, liegen die Molekeln also verhältnismäßig dicht, so wird auch unser Molekel den Weg nicht selbst durchfliegen, seine Energie vielmehr, oder der Stoß bei A als solcher wird sich in dieser Weise fortpflanzen, was für unsere Betrachtung dasselbe ist. Es entsteht die Frage, warum das Molekel bei C und B nicht über die sichtbare Begrenzung des Körpers hinausfliegt. Im § 8 ff. werden wir sehen, daß es nicht notwendig ist, den Molekeln zu ihrer Lösung eine Anziehungskraft zu subsumieren. Die Tatsache wird auf einfachere Art vorstellbar. Vorläufig wollen wir sie unerklärt hinnehmen.

Wir können uns ja auch die Vorgänge vorläufig durch die konventionellen Anziehungskräfte plausibel machen, die wir später als nicht exakt vorstellbar aus unseren Vorstellungen eliminieren und durch einfachste Kräfte ersetzen werden.

Beim Stoß in A zerlegt sich die Geschwindigkeit u in die Komponenten $u \sin \alpha$, tangential zu A und $u \cos \alpha$ senkrecht zu A. Die erstere Komponente fällt für den Stoß gegen A außer Betracht, die letztere geht aus $+\cos \alpha$ in $-\cos \alpha$ über und bewirkt einen Reiz auf den Nerv mit einer Bewegungsquantität $= 2\, m\, u \cos \alpha$. Solche Stöße wiederholen sich in A augenscheinlich mit ungleicher Geschwindigkeit, allein in der Rechnung denkt man sich unter u die mittlere Geschwindigkeit der fortschreitenden Bewegung aller Massenteilchen. Gleiches gilt von m. Nun ist der Weg

$$B\,A = \frac{h - d}{\cos \alpha},$$

wenn h die Dicke des Körpers und d der gesamte Durchmesser der Molekeln ist, die ein Molekül auf dem Flugwege h bei gleichmäßiger Verteilung antreffen würde; also der Weg $B\,A + A\,C$, der die Bewegung bzw. ihr Substrat, das Molekel zurücklegt, um zum zweitenmal zur A abgewandten Seite von K zu gelangen

$$= \frac{2\,(h - d)}{\cos \alpha}.$$

Es sei t die Zeit zum Durchlaufen des Weges $B\,A\,C$, so ist

$$t\,u = B\,A + A\,C = \frac{2\,(h - d)}{\cos \alpha},$$

also

$$t = \frac{2\,(h - d)}{u \cos \alpha}.$$

In dieser Zeit kann je ein Stoß in A durch die Energie unseres Molekels erfolgen, in einer Sekunde so viel Stöße, als

t in 1 enthalten ist. Nimmt man an, daß die Molekeln gleichmäßig im Körper verteilt sind und gleichmäßig dicht aufschlagen, so wird durch die Energie des von A fortschwingenden Molekels im System der übrigen ein neuer Stoß gegen A ausgelöst. Daher darf die Anzahl der in einer Sekunde in A aufschlagenden Molekeln

$$= \frac{u \cos \alpha}{2(h - d)},$$

und das Reizmoment, das durch sie bei A abgegeben wird

$$= 2 m u \cos \alpha \frac{u \cos \alpha}{2(h - d)} = m \frac{u^2}{h - d} \cos^2 \alpha$$

gesetzt werden.

Die Stoßfläche A wird aber auch von Molekeln getroffen, die unter anderen Winkeln nach A gelangen. Um auch deren Wirkung in Rechnung zu bringen, beschreibe man von A aus über AD eine halbe Kugelfläche mit dem Radius $AE = 1$ und denke sich im entstandenen Kugelraum eine große Anzahl Radien gleichmäßig verteilt, so kann man annehmen, es gelangen die Molekeln längs dieser Radien nach A.

Man lasse den Bogen $EB = \alpha$ zunehmen um $B_1 B_2 = d\alpha$ und drehe den Ausschnitt $B_1 A B_2$ um AE als Achse, so beschreiben die Radien AB und AB Kegelflächen, die einen Raum mit der Spitze in A und einer Kugelzone $B_1 B_2$ als Grundfläche haben. Innerhalb dieses Raumes gelangen die Molekeln zu A unter dem Winkel α. Die Anzahl dieser Molekeln sei n'.

Man lasse den Bogen sich durch Intervalle $d\alpha$ ändern, und zwar von $\alpha = 0$ bis $\alpha = \frac{\pi}{2}$, so schließt der Raum zwischen diesen Grenzen alle Richtungen ein, die Molekeln nach A führen. Diese Molekelanzahl sei n. Es verhält sich dann n' zu n wie die Kugelzone $B_1 B_2$ zur halben Oberfläche der Kugel, daher

$$\frac{n'}{n} = \frac{2\pi \sin \alpha \, d\alpha}{2\pi} = \sin \alpha \, d\alpha.$$

Das Reizmoment von n' Molekeln ist gleich dem angegebenen, multipliziert mit n', also

$$n \cdot m \frac{u^2}{h - d} \cdot \cos^2 \alpha \sin \alpha \, d\alpha.$$

Integriert man in Hinsicht α für die angegebenen Grenzen von 0 bis $\frac{\pi}{2}$, so kommt

$$\alpha)\qquad \int_0^{\pi/2} n\, m \frac{u^2}{h-d} \cos^2\alpha \sin\alpha\, d\alpha = n\, m \frac{u^2}{3\,(h-d)}.$$

Allein der Nerv berührt den Körper nicht nur in A, in einem Punkte, sondern in einer größeren Fläche. Wir wissen aber aus der Physiologie, daß nicht jeder Reiz vom Nerven, dem quasi Fühler des Zentralorgans, besonders perzipiert wird, sondern daß mehrere Reize zu einer Perzeption verschmelzen, wenn die Reizstellen örtlich sehr nahe aneinanderliegen. Auf unsern Fall angewandt ergiebt sich daraus, daß nicht alle Punkte der Fläche $AD = F$ dem Nerven, falls er den Körper in der Fläche berührt, besondere Reize erteilen, sondern nur eine bestimmte Anzahl, die von der Größe der Wirkungssphäre eines Reizes abhängt. Die Wirkungssphären sind im Verhältnis zur Molekeldichte außerordentlich groß.

Man kann sich die Existenznotwendigkeit der Wirkungssphären physikalisch auch so vorstellen, daß aus verschiedenen, sehr vielen unmittelbar benachbarten Schwingungsimpulsen α) eine Kombinationsschwingung mit einem Kombinationsreiz resultiert, wie aus einem Gewirr vieler Töne und Tonarten durch Interferenzwirkung ein Kombinationston resultiert. Mit dieser Anschauungsweise könnten wir von der Wirkung des Körpers auf einen Nerven absehen und an dessen Stelle ein anderes Reagens, etwa ein Thermometer setzen.

Die ganze Fläche $AD = F$ enthalte z solcher Wirkungssphären und Z Punkte A mit den Schwingungsimpulsen α). Die Anzahl der Molekeln, die sich nach A bewegen, von der der Temperatureindruck abhängt, ist n; die Anzahl der Molekeln, die zu einem Kombinationsimpuls vereinigt sind

$$\beta)\qquad N_k = \frac{Z}{z} n = O\, n,$$

und die Anzahl aller Molekeln überhaupt

$$\gamma)\qquad N = Z n.$$

Von der Fläche F werden also $\frac{N}{n}$ Schwingungsimpulse überhaupt erteilt. Davon sind $\frac{N}{N_k}$ unterschiedlich getrennte Impulse, sie können jeder besonders wahrgenommen werden. Das ändert aber nur mehr die Quantität des Impulses oder des Reizes, nicht seine Qualität. Wenn $\frac{N}{N_k}$ einen größeren oder kleineren Wert erhält, wirkt das etwa so, als wenn ein Ton aus größerer oder geringerer Entfernung oder mit einem oder beiden Ohren gehört wird, das Trommelfell eine größere oder kleinere Fläche der Verbreitungssphäre des Tones berührt. Auch da ändert sich damit nicht die Qualität, sondern nur die Quantität des Tones.

Wir können also in der Tat den Ausdruck α) als einen allgemeinen Ausdruck für die Temperatur ansehen.

Es ist nach α)

$$\mathfrak{T} = n m \frac{u^2}{3(h-d)}.$$

$\mathfrak{T}$ ist die Temperatur des Körpers vom Zustand α), sie ist mit deutschem $\mathfrak{T}$ bezeichnet, weil ihr numerischer Wert natürlich nicht, wie das allgemein übliche lateinische T Celsiusgrade ausdrückt, sondern mechanischer Natur ist.

In der Gleichung wollen wir zunächst $h-d$ weiter bestimmen und sie uns dann erst näher ansehen.

Multiplizieren wir in der rechten Seite Zähler und Nenner mit der Fläche $F = Z \cdot A$, so kommt

$$\mathfrak{T} = \frac{N m}{3} \frac{u^2}{F(h-d)}.$$

Unter h wollen wir uns den durchschnittlichen Molekularraum $= \frac{m}{s_H}$ als Länge in der Weise vorstellen, daß dieser eine Röhre bildet mit dem Querschnitt des Moleküls. s_H ist die Dichte des Körpers.

Es wird dann

$$F h = V$$

der Rauminhalt des Körpers und

$$F d = i$$

wäre nach der Definition zu β) der absolute Rauminhalt der Molekeln selbst, wenn wir sie uns als Würfel vorstellen; sind sie aber kuglig, so verhält sich ihr Inhalt zu obigem Wert wie π zu 6. Wir wollen die Sache vorläufig auf sich beruhen lassen. Hier interessiert uns auch nur der Durchmesser der Molekeln.

Folglich wird für die Volumeneinheit

$$\delta)\qquad \mathfrak{T} = \frac{Nm}{3(1-i)} u^2 = \frac{s_H u^2}{3(1-i)},$$

da relativ $N = \frac{s_H}{m}$, d. i. die spezifische Dichte bzw. das spezifische Gewicht s_H, die wir immer auf Wasserstoff beziehen wollen, dividiert durch das Molekulargewicht ist.

Die Gleichung δ) gilt nun nur unter ganz bestimmten Umständen, wie wir gleich sehen werden. Wir müssen noch einen Faktor hinzufügen, um sie wie α) allgemeingültig zu machen.

Stellen wir uns unter K ein Gas vor und nehmen wir an, seine Dichte ändere sich bei gleichbleibender Temperatur, sagen wir auf die Hälfte, so nimmt N wie s_H auf die Hälfte ab. Nach Gleichung δ) würde damit auch die Temperatur um die Hälfte abnehmen, was mit der Erfahrung in Widerspruch steht. Betrachten wir aber N nach γ) als ein Produkt von Zn, worin $\mathfrak{T}$ nach den Ausführungen zu γ) nur von n abhängig ist, so können wir annehmen, daß bei Wertänderungen dieses Produktes n konstant bleibt und daß nur Z sich ändert, hier also halb so groß wird. Man kann mit dieser Annahme die Vorstellung verbinden, daß die Punkte A um das Doppelte weiter auseinanderrücken oder um das Doppelte breiter werden. Da $\mathfrak{T}$ nun, wie wir gesehen haben, nur von n abhängt, bleibt die Temperatur konstant, so weit auch immer Z abnimmt, bis Z den absoluten Wert 1 erreicht. Diese Vorstellungsweise ist indessen nur ganz plausibel, wenn $Z \cdot A$ eine relativ kleine Fläche ist. Besser und allgemeiner können wir den Vorgang mit Hilfe unserer Wirkungssphären oder Kombinationsschwingungskomplexe fassen. Wenn das Volumen von K sich auf das m fache vermehrt, werden nach den Ausführungen zu β) aus dem Einheitskomplex On ohne weiteres m $(O_1 n)$ Einheitskomplexe mit der m fachen Wirkung. Die Teilung kann so oft vor sich gehen, d. h. das Gas kann so weit verdünnt werden, als O Einheiten umschließt. Da OA eine grob meßbare Größe und A bei gewöhnlichen Drucken und Temperaturen molekular klein ist, kann die Verdünnung außerordentlich weit getrieben werden, ehe auch n abnehmen muß.

Wenn auch endlich n abnimmt, so sinkt die Temperatur. Nach unserer Gleichung kann sie nur durch Vergrößerung von n wieder erhöht werden. Auch durch Temperaturerhöhung allein wird ein Gas bei konstantem Druck verdünnt. Nimmt hierbei schließlich n ab, wird nach unserer Definition die Temperatur bald eine obere Grenze finden, die durch mechanische Verdünnung noch herabgedrückt werden kann.

Um unserer Anschauung mathematische Formen zu geben, erinnern wir uns, daß in einem Schwingungskomplex OA eines Körpers wie in dem ganzen Körper die Temperatur durch die in einem Punkte A des Körpers mit der Masse m und der Geschwindigkeit u angreifende Molekelmenge n in bezug auf die Intensität vollkommen bestimmt ist. Wir wollen den Komplex OA als eine Fläche unserer Volumeneinheit ansehen.

Es ist

$$\mathfrak{T} = n\,m\,\frac{u^2}{3(1-i)}.$$

Ist 0 größer als 1, so bedeutet das, daß die Temperatur $\mathfrak{T}$ innerhalb unseres Komplexes mehr als einmal indiziert wird, ihre Intensität wird, wie wir gesehen haben, dadurch nicht geändert. Die Temperatur ist eben als das Potential der Energie der Mole aufzufassen.

Es wird

$$\mathfrak{T}\,O = O\,n\,\frac{m\,u^2}{3(1-i)}.$$

Hierin ist On die Anzahl der Molekeln in unserer Volumeneinheit, $= N$ oder $\frac{s_H}{m}$. Die linke Seite der Gleichung gibt die Anzahl der Indikationen von $\mathfrak{T}$. Sie ist eine Funktion des Gasdruckes, oder besser, da wir den Überlegungen, die uns zur Bestimmung von $\mathfrak{T}$ führten, wohl allgemeine Gültigkeit, unabhängig von einer bestimmten Körperart oder einem bestimmten Aggregatzustand zusprechen müssen, sie ist eine Funktion der Molekeldichte, sie ist dieser proportional.

Ist die Molekeldichte absolut = 1, so wird auch $O = 1$ sein, ist sie μ, so ist es auch O. Folglich können wir für O die Molekeldichte einsetzen. Wir kennen die Molekulardichte aber vorläufig nur relativ, als Wert des Ausdruckes $\frac{s_H}{m}$. Damit können wir auch $\mathfrak{T}$ nur in diesem Sinne relativ bestimmen, wenn es uns nicht gelingt, die Molekeldichte absolut herauszubringen. Einen Versuch in dieser Richtung werden wir im § 4 unternehmen.

Wir haben jetzt

$$\mathfrak{T}\frac{s_H}{m} = Nm\frac{u^2}{3(1-i)}.$$

Hieraus kommt dann

$$2) \qquad \mathfrak{T} = \frac{m}{s_H} Nm \frac{u^2}{3(1-i)} = \frac{m u^2}{3(1-i)}.$$

Wir sehen sofort, daß in 2) mit m auch $\mathfrak{T}$, wie schon erwähnt, relativ festgelegt wird. Der Umstand ist indessen ohne praktische Bedeutung. Wohl aber ist eine absolute Bestimmung von i von hoher Wichtigkeit. Dies wird deutlicher, wenn wir 2) im Rahmen unserer Vorstellung von $\mathfrak{T}$ als ein Produkt des Bewegungsmomentes der Molekeln in ihre Schwingungsgeschwindigkeit schreiben. Die Schwingungsgeschwindigkeit wollen wir den Quotienten $\frac{u}{\lambda}$ nennen, wenn λ der doppelte mittlere Weg ist, den ein Molekel zurücklegt, ehe es mit einem andern zusammentrifft. Multiplizieren und dividieren wir in 2) den Nenner mit N, so erhalten wir

$$m u^2 \frac{1}{3N\frac{1-i}{N}} = m u^2 \frac{1}{3N\left(\frac{m}{s_H} - \frac{i}{N}\right)},$$

und schreiben wir

$$i = \nu_H \cdot m \cdot N,$$

so wird

$$\mathfrak{T} = m u^2 \cdot \frac{1}{3N\left(\frac{m}{s_H} - \nu_H m\right)},$$

worin N die Anzahl der Molekeln in der Volumeneinheit, $\frac{m}{s_H}$ der Molekularraum und ν_H das absolute Volumen des Wasserstoffatoms ist.

Nennen wir jetzt

$$3\left(\frac{m}{s_H} - v_H m\right) = \lambda,$$

so wird 2)

$$3) \quad \mathfrak{T} = \frac{1}{N} m u^2 \frac{1}{3 \cdot \left(\frac{m}{s_H} - v_H m\right)} = \frac{m u^2}{3(1 - s_H v_H)} = \frac{1}{N} m u \frac{u}{\lambda}.$$

Wir können in 3) λ als Wellenlänge des schwingenden Moleküls m interpretieren, als Röhre mit dem Querschnitt des Moleküls mit dem Volumen $v_H\, m$ und einer Länge, die das Anderthalbfache des Molekularraumes beträgt, der dieselbe Gestalt hat. Diese Röhre muß zu einer vollständigen Schwingung zweimal durchflogen werden. In Zukunft werden wir unter Molekular oder Atomraum immer den Wert $\frac{1}{2}\lambda$ verstehen, der also relativ $\frac{3}{2}\frac{m}{s_H}$ sein wird. Diese Annahme entspricht mehr der Wirklichkeit, in der die Molekularräume teilweise gemeinschaftliche sind. Der Koeffizient $\frac{1}{N}$ in 3) kann als die Wahrscheinlichkeit angesehen werden, mit der sich jedes einzelne Molekül an der Einwirkung auf eine bestimmte Stelle beteiligt. Sie ist direkt umgekehrt proportional der Anzahl der Molekeln oder der Molekeldichte. Der Nenner in 3) ist nicht konstant, namentlich bei Gasen, so daß deren Temperatur nicht nur von u abhängt.

Das Mariotte-Gesetz entspricht auch nach unserer Entwicklung nicht genau der Wirklichkeit.

3.

Die Temperatur in absolutem Maß und die numerische Bestimmung von T und u.

Mit der Gleichung 2) und 3) § 2 haben wir nun einen logisch offenbar vollkommen berechtigten Ausdruck für das, was wir die Temperatur eines Körpers nennen.

$\mathfrak{T}$ ist nach 2) und 3) bis auf den Faktor $\frac{m}{s_H}$ durchaus identisch-

mit P, dem Druck, den der Körper auf seine Umgebung ausübt, genau so wie $\mathfrak{T}$ würde man P ableiten. Auch P ist ein Produkt aus dem Bewegungsmoment der Molekeln in die Schwingungsgeschwindigkeit. Die CLAUSIUS und MAXWELL schen Gleichungen für den Druck, mit dem ein Gas die Gefäßwand beansprucht, die das Gas einschließt, haben bis auf den erwähnten Faktor dieselbe Form, nur ist bei ihnen der Molekularinhalt nicht berücksichtigt. Für Gase leuchtet die Identität auch ohne weiteres ein, für flüssige und feste Körper werden wir sie im § 6 ff. nachweisen können, wo wir einen Gegendruck von außen auf die Körper kennen lernen werden. Mit unserer Gleichung wäre $\mathfrak{T}$ in absolutem Maß bestimmbar, wenn ihre Faktoren in diesem Maße bekannt wären.

Die Temperatur wird im C.G.S.-System

4) $$\mathfrak{T} = \frac{1}{N} m \frac{u^2}{\lambda} = \text{C.G.S.}^{-2},$$

also eine Kraft. $\frac{1}{N}$ ist eine Zahlengröße.

Zur vorläufigen relativen numerischen Bestimmung von $\mathfrak{T}$ setzen wir

$$\mathfrak{T} = \frac{1}{N} \cdot \frac{N m u^2}{3(1 - \nu_H s_H)} = \frac{1}{N} P.$$

Als Beispielkörper nehmen wir Wasserstoff, der einem idealen Gase, bei dem die Temperatur ganz unabhängig von der Dichte ist, am nächsten kommt und bei dem wir deshalb $\nu_H \, s_H$ vernachlässigen dürfen, ohne einen großen Fehler zu machen. Wir können also angenähert setzen

$$\frac{1}{N} \frac{N m u^2}{3} = \frac{1}{N} P \cong \mathfrak{T}.$$

Hierin ist m die Masse eines Wasserstoffmoleküls und N deren Anzahl, Nm mithin die ganze Masse des Wasserstoffes. Beziehen wir die Gleichung auf einen cm³ Wasserstoff von 0° C. und 760 mm Quecksilber, so kommt, wenn $\frac{1}{11127}$ die Dichte des Wasserstoffes bezogen auf Wasser von größter Dichte, die Masse eines cm³ Wasserstoffes $= \frac{1}{11127 \cdot 9{,}81}$ ist

$$\frac{u^2}{11127 \cdot 9{,}81 \cdot 3} = P_v = N \cdot \mathfrak{T}.$$

Hierin ist $P = 1033{,}3$ g auf den cm². Das Volumen ist ein cm³; wenn wir u in Meter ausdrücken wollen, wird $v = \frac{1}{100}$. Hieraus kommt

$$u^2 = \frac{1033 \cdot 11127 \cdot 9{,}81 \cdot 3}{100} = 3383441,$$

und daraus erhalten wir für die Masseneinheit

$$\mathfrak{T}_{273} = \frac{3383441}{3} = 1127813, \tag{5}$$

und als mechanischen Wert für 1° C.

$$\frac{1127813}{273} = 4131. \tag{6}$$

Vom Wert der Gleichung 6) werden wir bei mechanischen Betrachtungen von Wärmevorgängen vorteilhaften Gebrauch machen. Jeder Grad Celsius hat also in der neuen mechanischen Ausdrucksweise 4131 $\mathfrak{T}$-Grade. Wenn wir mit Werten rechnen, die von der Temperatur abhängen, haben sie in unserer mechanischen Temperatur einen um diesen Betrag kleineren Wert als in Celsiusgraden. Die spezifische Wärme z. B. wird 4131 mal kleiner werden.

Um u allgemein zu bestimmen, setzen wir

$$\mathfrak{T} = u^2 \frac{m}{3(1 - \nu_H s_H)} = u_1{}^2 \cdot \frac{m_1}{3 \cdot (1 - \nu_H \cdot s'_H)}$$

und beziehen die Werte mit Index auf einen beliebigen, die ohne Index aber auf Wasserstoff. Es ist dann

$$u_1{}^2 = u^2 \cdot \frac{m}{m_1} \cdot \frac{1 - \nu_H s'_H}{1 - \nu_H s_H}$$

oder, m relativ $= 1$ bestimmt und $\nu_H s_H$ vernachlässigt:

$$u_1{}^2 = u^2 \frac{1 - \nu_H s'_H}{m_1}.$$

Da

$$u_t{}^2 = \varkappa P_t$$

ist, proportional dem Druck des Gases bei normalem Barometerstand und der Temperatur t, der auch u^2 angehört, also

$$\frac{u_t{}^2}{u_0{}^2} = \frac{P_t}{P_0}$$

und P_t zu P_0, dem Druck bei der Temperatur 0° C., bekanntlich in der Beziehung steht

$$\frac{P_t}{P_0} = \frac{T}{T_0}, \quad = \frac{\mathfrak{T}}{\mathfrak{T}_0},$$

so können wir setzen

$$u_t^2 = \varkappa P_t = \varkappa P_0 \frac{T}{T_0} = u_0^2 \frac{T}{T_0}, \quad = u_0^2 \frac{\mathfrak{T}}{\mathfrak{T}_0},$$

und ferner

$$u_1^2 = u_0^2 \frac{1 - \nu_H s'_H}{m_1} \frac{T}{T_0}, \quad u_1 = u_0 \sqrt{\frac{1 - \nu_H s'_H}{m_1} \frac{T}{T_0}},$$

oder in Worten: die Fluggeschwindigkeit der Molekeln eines Körpers bei irgend einer Temperatur ist gleich der Fluggeschwindigkeit der Wasserstoffmolekeln bei 0° und normalem Atmosphärendruck, multipliziert mit dem Verhältnis der betreffenden Temperatur des Körpers zur absoluten Temperatur von 273° C. und multipliziert mit dem Verhältnis $\frac{1 - \nu_H s'_H}{m}$, das wir als Reziprokes der spezifischen Molekulardichte ansehen können. Setzen wir für u_0^2 den Wert ein, den wir in 5) fanden, so wird

$$u_1 = \sqrt{3383441 \frac{1 - s_H \nu_H}{m} \frac{T}{T_0}}$$

oder

7) $$u_1 = 1840 \sqrt{\frac{1 - \nu_H s_H}{m} \frac{T}{T_0}}.$$

1840 ist als die mittlere Fluggeschwindigkeit der Wasserstoffmolekeln bei 0° und Atmosphärendruck anzusehen.

Clausius und andere geben als Ausdruck für u an

$$u_1 = 1840 \sqrt{\frac{1}{s_H} \frac{T}{T_0}}.$$

Wir müssen diesen Ausdruck als zwiefach unzutreffend ansehen. Erstens hängt u nicht in der Weise vom spezifischen Gewicht, sondern vom Molekulargewicht ab, und zweitens muß bei der Berechnung von u die spezifische Molekulardichte $\frac{m}{1 - \nu_H s_H}$ berücksichtigt werden, was in der Clausiusschen Gleichung nicht geschehen ist.

Wie wir im § 12 nachweisen werden, gilt Gleichung 7) in unserer Theorie nur für physochemisch einfache Körper. Und physochemisch einfach ist ein Körper nur in Dampfform bei höheren Temperaturen. Den Grund hierfür werden wir im § 12 kennen lernen. Physochemisch einfach nennen wir hier Körper, die einatomig oder einmolig zusammengesetzt sind, ob sie nun chemische Elemente sind oder nicht. Auf näheres können wir uns vorläufig nicht einlassen.

Zur exakten Bestimmung von u hätten wir vorerst ν_H zu ermitteln, um wenigstens dessen Einfluß auf unsere Resultate schätzen zu können. Mit dieser Aufgabe wollen wir uns im nächsten Paragraphen befassen, um uns dann mit dem überaus wichtigen Begriff der Gesamtenergie eines Körpers, die nach Gleichung 1) durch

$$J\,d\,Q = d\,U + d\,W$$

wiedergegeben wird, zu beschäftigen, und einen tieferen Einblick in den Bauplan der Körper zu gewinnen.

4.

Die numerische Bestimmung von ν_H.

Die Wärmemenge Q denken wir uns in einem Körper von einem bestimmten Zustand aufgespeichert, sie repräsentiert seinen gesamten Energiegehalt, von dem sein mechanisches und chemisches Verhalten gegen andere Körper abhängt. In § 1 haben wir

$$J\,Q = U + W$$

gesetzt.

Wir wollen noch einmal zusammenfassen, welche Vorstellungen wir im Sinne der vorhergehenden Paragraphen mit dieser Gleichung zu verknüpfen haben.

Die elementaren Massenteile jedes Körpers, seine Moleküle, sind in Bewegung und besitzen infolgedessen eine gewisse Energie

$$U = J\,Q - W.$$

Da die Bewegung keine einfache ist, sondern u. a. in fortschreitende und Drehbewegungen zerfällt, ist auch U eine zusammengesetzte Größe. Zwei Komponenten daraus sind die kinetische Energie der fortschreitenden Bewegung der Mole

8) $$E_F = \frac{u^2}{2} N \cdot m$$

und die kinetische Energie einer Rotationsbewegung der Moleküle, die wir E_D nennen wollen. Sind die Moleküle einatomig, können sie also als homogene Kugeln gedacht werden, die sich um einen ihrer Durchmesser als Drehachse drehen, so wird

9) $$E_D = N \cdot m \frac{u_1^2}{5},$$

worin u_1 die Geschwindigkeit des Äquators ist. Die Rotationsbewegung kann als eine Funktion der fortschreitenden Bewegung angesehen werden, u_1 hängt von u ab, sie würden durchschnittlich gleich sein, wenn sich die Molekeln durchschnittlich tangential träfen. Körper mit mehratomigen Molen bieten hierin keine Besonderheiten, weil nach unserer Theorie die Bestandteile der Molekeln ihre Selbständigkeit vollkommen behalten. Später wird sich das ergeben.

Wir können also schreiben

10) $$U = E_F + E_D + A = N \cdot m \left(\frac{u^2}{2} + \frac{u_1^2}{5}\right) + A,$$

worin A derjenige Betrag der inneren Energie des Körpers ist, der nicht direkt in der Bewegung seiner Mole als Bewegung aufgespeichert ist. Wir beschäftigen uns damit im § 10. Der Betrag A ist eine direkte Folge der Bewegung der Mole, er ändert sich relativ stark, wenn der Körper den Aggregatzustand ändert. A kann als potentielle Energie der Mole aufgefaßt werden.

Setzen wir den Durchschnittswert von $u_1 = u$, so erhalten wir

11) $$U = N m \frac{7}{10} u^2 + A$$

und

12) $$\frac{d E_F}{d U} = \frac{5}{7 + \frac{10 A}{N m u^2}}.$$

Unter U versteht man gewöhnlich nicht die gesamte innere Energie eines Körpers, sondern die Zunahme davon für eine bestimmte Temperaturzunahme. Ist das Temperaturintervall klein, so kann die Zunahme von A unter Umständen vernachlässigt werden. In diesem vereinfachten Falle geht 12) über in

$$\frac{d E_F}{d U} = \frac{5}{7} = 0{,}714 = B,$$

wonach die Molekeln infolge der Zunahme an fortschreitender Bewegung bei einer kleinen Zunahme von Gesamtenergie den 0,714 fachen Betrag davon absorbieren. Das gilt indessen nur, wenn $dA = 0$ und $u_1 = u$ ist. So einfach liegen die Verhältnisse in Wirklichkeit nicht, B hat hier andere Werte, weil entweder $dA \lesseqgtr 0$ oder $u_1 \lesseqgtr u$ ist.

Der Wert von B läßt sich auch auf andere Weise ermitteln, z. B. mit Hilfe der spezifischen Wärme des Körpers. Da das Verhältnis B für uns zur Eliminierung von v_H wichtig ist, wollen wir die Berechnung mit unserer allgemein gültigen Temperaturgleichung hier durchführen.

Verändern wir die Temperatur irgend eines Körpers um dT, müssen wir die Wärmemenge $c\,dT$ zu- oder abführen, wenn c seine spezifische Wärme ist. Durch die Temperaturänderung ändert sich die innere Energie U des Körpers um dU. Außerdem wird unter Umständen eine Arbeit $\mathfrak{a}$ geleistet. $\mathfrak{a}$ ist eine positive oder negative Arbeit, die dadurch bedingt werden kann, daß der Körper durch Veränderung seines Energiegehalts sein Volumen gegen einen äußeren materiellen Gegendruck verändert. Unter materiellem Gegendruck wollen wir den Luftdruck oder einen künstlichen irdischen Druck auf den Körper verstehen, zum Unterschied vom Ätherdruck, der in der Größe A enthalten war. Für den normalen Luftdruck von $P = 1{,}0333$ kg auf den cm² berechnet sich diese Arbeit für das Kilogramm auf

$$\mathfrak{a} = 1{,}0333 \frac{10}{s_H} \cdot \alpha \text{ kg}.$$

wenn α der kubische Ausdehnungskoeffizient, s_w die Dichte bezogen auf Wasser von größter Dichte ist. Wir subsumieren die Arbeit $\mathfrak{a}$ mit Absicht nicht, wie in der Gasdynamik üblich, unter W der Gleichung 1), weil wir im § 6 unter W auch die Ausdehnungsarbeit der festen und flüssigen Körper verstehen wollen, die nur zum allerkleinsten Teil vom materiellen Gegendruck bedingt ist und die auch wieder, im Sinn unserer Theorie, von U nicht trennbar ist, wie wir im § 10 finden werden.

Versteht man unter c_v die spezifische Wärme bei konstanten Volumen, so ist die spezifische Wärme bei konstantem Druck

$$c_d = c_v + \mathrm{a}.$$

Bei den festen und flüssigen Körpern kann indessen c_v nicht direkt bestimmt werden, sondern nur dadurch, daß wir c_d, die spezifische Wärme bei konstantem Druck, ermitteln und davon a abziehen. Es ist

$$c_v = c_d - \mathrm{a}.$$

Wir können also setzen, wenn Nm die Masse des Körpers, Nm multipliziert mit G, der Erdbeschleunigung, sein Gewicht ist

$$d\,U = Nm\,G\,c_v\,d\,T = Nm\,G\,(c_d - \mathrm{a})\,d\,T,$$

worin natürlich c_v, c_d und a in gleichem Maße auszudrücken ist.

Die lebendige Kraft der fortschreitenden Bewegung der Molekeln eines Körpers vom Gewicht $Nm\,G$ ist

$$K = Nm\frac{u^2}{2},$$

worin nach Gleichung 7)

$$u = 1840\sqrt{\frac{1 - s_H\nu_H}{m}\,\frac{T}{T_0}}$$

ist, womit K wird

$$K = \frac{Nm}{2}\,1840^2\,\frac{T}{T_0}\cdot\frac{1 - s_H\nu_H}{m}.$$

Hieraus folgt

$$d\,K = \frac{Nm}{2}\cdot 1840^2\cdot\frac{1 - s_H\nu_H}{m}\,\frac{d\,T}{T_0}.$$

Dividiert man diese Differentialgleichung durch die vorher aufgestellte, so erhält man

13) $$\frac{d\,K}{d\,U} = \frac{1}{2}\,\frac{1}{m\,G}\cdot\frac{1 - s_H\nu_H}{c_v}\cdot\frac{1840^2}{273} = 632\,\frac{1 - s_H\nu_H}{m\,c_v} = B.$$

In 13) ist c_v im Arbeitsmaß auszudrücken. Drückt man c_v im Wärmemaß aus, so wird allgemein

14) $$\frac{d\,K}{d\,U} = B = \frac{632}{425}\,\frac{1 - s_H\nu_H}{m\,c_v} = 1{,}4864\,\frac{1 - s_H\nu_H}{m\,c_v}.$$

Für Wasserstoff wird 14) bei Vernachlässigung von v_H und wenn

$$c_v = 2{,}4119$$

gesetzt wird

$$B = 1{,}4864 \frac{1}{2{,}4119} = 0{,}6163.$$

Clausius erhielt als Wert für B auf eine etwas andere Weise den Wert 0,615, was an einer etwas anderen Bewertung der spezifischen Wärme und der fortschreitenden Geschwindigkeit der Wasserstoffatome liegt, für die er den Wert 1844 *m* annimmt. Da es uns hier nur am Prinzip der Rechnungsweise liegt, lassen wir dahingestellt, welcher Wert richtiger ist.

Wir bemerken an 14), daß B so lange konstant bleibt, als mc konstant ist, solange die kleine variable Größe $s_H v_H$ nicht wesentliche Änderungen bedingt. mc aber ist die Atomwärme, deren annähernde Konstanz sich experimentell feststellen ließ; freilich nur in gewissen Grenzen. Wir kommen später darauf zurück, wenn wir auf die Konstitution der Materie näher eingehen.

Der Wert von B aus Gleichung 14) könnte uns zur Bewertung von A in Gleichung 12) dienen, wenn die Grundannahme von Gleichung 12), daß durchschnittlich $u_1 = u$ ist, nicht zu unbestimmt wäre.

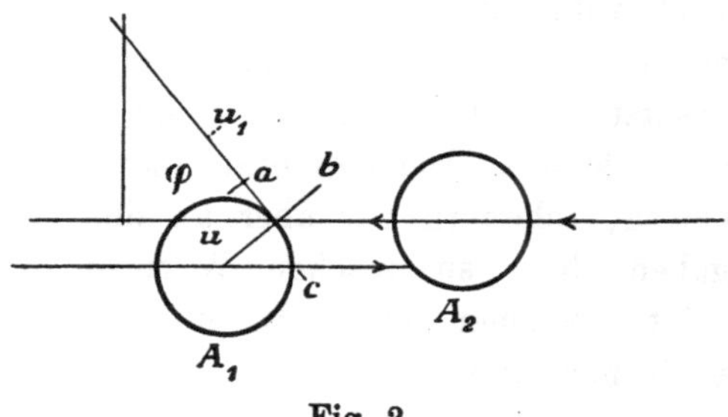

Fig. 2.

B nimmt in Wirklichkeit die verschiedenartigsten Werte an. Wenn wir von A zunächst ganz absehen, können wir dies dahin interpretieren, daß die Atome sich je nach der Atomdichte mehr oder weniger tangential oder mehr oder weniger zentrisch treffen. Fig. 2 veranschaulicht das.

Atom A_1 und Atom A_2 bewegen sich mit der Geschwindigkeit u in der Pfeilrichtung aufeinander zu. Trifft A_2 das Atom A_1 bei α, also tangential, so wird die Drehungsgeschwindigkeit des Äquators u_1 durchschnittlich $= u$ sein. In jedem anderen

Falle, ausgenommen ganz zentrische Stöße, wächst u_1 gegen u, wodurch B abnimmt. Es wird durchschnittlich sein

$$15) \qquad \frac{u}{\cos\varphi} = u_1,$$

worin φ der Winkel ist, den die Flugrichtung mit der Tangente des Stoßpunktes b (Fig. 2) durchschnittlich einschließt. Je dichter die Atome durch die Kräfte, die wir im zweiten Teil eliminieren wollen, zusammengedrängt werden, desto größer kann nach 15) durchschnittlich u_1 sein und desto kleiner B; der nach Gleichung 12) berechnete Wert von B ist demnach ein Maximalwert, der nicht überschritten werden kann, wenn wir von der Möglichkeit überwiegend genau zentrischer Stöße absehen.

Ein anderer Grund für die Veränderlichkeit von B ist die Veränderlichkeit von A, dessen Wert besonders groß wird, wenn der Körper den Aggregatzustand ändert. Dann ist B sehr klein.

Die Atomdichte ist in der Verbindung $(1 - s_H\, v_H)$ ein Bestandteil der Gleichung 14). Ist B für einen Körper bekannt, so muß es gelingen, aus 14) v_H wenigstens ungefähr numerisch zu bestimmen, um dessen Einfluß auf unsere Resultate kennen zu lernen.

Nun gibt es Wärmevorgänge, die ihrem numerischen Werte nach vollkommen bekannt sind und die wir mit Hilfe unseres B so ausdrücken können, daß v_H eliminiert werden kann. Vorausgesetzt ist dabei, daß sich B im Bereich dieses Wärmevorganges stetig ändert. Bei den brauchbarsten Körpern, den permanenten Gasen, scheitern wir aber an den für uns zu ungenauen Angaben ihrer spezifischen Wärmen, wie folgende Entwicklung zeigt. Nehmen wir z. B. eine Gewichtseinheit Wasserstoff und erwärmen ihn von 0^0 bis 100^0 C. bei konstantem Volumen, also ohne äußere Arbeitsleistung, so brauchen wir hierzu die Wärmemenge $100 \cdot 2{,}4119$ Kal., wenn $2{,}4119 = c_v$, die spezifische Wärme des Wasserstoffes bei konstantem Volumen ist. Zwischen 0^0 und 100^0 ändert sich aller Voraussicht nach B wenig und stetig, so daß wir uns erlauben dürfen, ein Mittel B für den Bereich anzunehmen. Bestimmen wir also die kinetische Energie K der Wasserstoffatome in bezug auf die Fluggeschwindigkeit bei 0^0 und 100^0 C. und dividieren die Differenz dieser Energien mit dem Mittel B, so müssen wir ebenfalls die Wärmemenge

100 · 2,4119 Kal. erhalten. Wir wollen das ausführen. Es ist, wenn wir die Wärmemenge von 241,19 Kal. allgemein D nennen, nach unserer Entwicklung

$$D = \frac{K_1 - K}{\frac{B_1 + B}{2}},$$

wenn B und K, B_1 und K_1 je gleichen Temperaturen angehören. $\frac{B + B_1}{2}$ ist das arithmetische Mittel der verschiedenen, sehr wenig und stetig sich ändernden B im Bereich von K_1 bis K.

Nach Seite 24 haben wir

$$K_1 - K = \frac{Nm}{2} 1840^2 \frac{1}{m \cdot T_0} \left((1 - s'_H v_H) T_1 - (1 - s_H v_H) T\right),$$

und nach Gleichung 13)

$$\frac{B_1 + B}{2} = \frac{G \cdot 632}{2 \cdot G \cdot m} \left(\frac{1 - s_H v_H}{c'_v} + \frac{1 - s_H v_H}{c_v}\right)$$

daraus kommt für die Gewichtseinheit

$$16) \qquad D = \frac{2 \cdot c'_v \cdot c_v \left((T_1 - T) - (T_1 s'_H - T s_H) v_H\right)}{c_v + c'_v - (c'_v s_H + c_v s'_H) v_H},$$

D ist dabei die Wärmemenge, die dem Körper zugeführt werden muß, damit er bei konstantem Volumen die Temperaturerhöhung $T_1 - T$ erfahre.

Eliminieren wir aus 16) das Volumen der Wasserstoffatome, so erhalten wir

$$17) \qquad v_H = \frac{D(c'_v + c_v) - 2 c'_v \cdot c_v \cdot (T_1 - T)}{D(c_v s'_H + c'_v s_H) - 2 c'_v \cdot c_v (T_1 s'_H - T s_H)}.$$

Gleichung 16) und 17) sind natürlich nicht nur für Wasserstoff gültig, sondern für jeden beliebigen Körper, bei dem der Bereich, über den sich die Gleichung erstreckt, unseren oben entwickelten Bedingungen genügt.

Wir sehen aber aus Gleichung 17), daß $c_v \lesseqgtr c'_v$ sein muß, denn sobald dies nicht der Fall ist, wird der Zähler in 17) Null, weil

$$(T_1 - T) c_v (c_v + c_v) = (T_1 - T) 2 \cdot c_v \cdot c_v$$

ist.

Für Wasserstoff und andere Gase wird nun die spezifische Wärme für weite Grenzen als konstant angesehen, obwohl dies, wie wir sehen, nicht der Fall sein kann. Wenn wir später im

Rahmen unserer Theorie einen tieferen Einblick in die Konstitution der Materie tun, wird uns dies auch begreiflich und selbstverständlich erscheinen.

Wir wählen deshalb als Beispiel für die Berechnung von v_H den wegen seiner vielseitigen Beziehungen zur Technik am besten und gründlichsten untersuchten Stoff, das Wasser, obwohl es kein Element ist.

Wir wählen als Bereich, in dem Gleichung 17) annähernd gilt, das Temperaturintervall von 10^0 bis 11^0 C. bei Atmosphärendruck.

Die spezifische Wärme des Wassers ist nach Regnault bei t Grad

$$c = 1 \quad 0{,}00004\, t + 0{,}0000009\, t^2,$$

das gibt für 10^0 $c = 1{,}0004900$ und für 11^0 $c_1 = 1{,}0005489$ als spezifische Wärme für konstanten Druck. Hiervon ist abzuziehen die der durch die Ausdehnung des Wassers gegen den materiellen Gegendruck geleisteten Arbeit äquivalente Wärmemenge. Wir haben die Größe $\mathrm{a} = P \cdot \frac{10}{s_H} \cdot \alpha$ genannt, worin α der Wärmeausdehnungskoeffizient und s_w das spezifische Volumen des Körpers, bezogen auf Wasser, von größter Dichtigkeit ist. Nach Regnault ist für Wasser von 10^0 $\alpha = 0{,}000092$ und $s_w = 1{,}000264$, folglich wird im Wärmemaß

$$\mathrm{a} = \frac{0{,}000092 \cdot 1{,}000264 \cdot 10{,}333}{425} = 0{,}0000022374.$$

Für Wasser von 11^0 ist nach Regnault $\alpha = 0{,}000105$ und

$$s_w = 1{,}000356,$$

also wird ebenso

$$\mathrm{a} = \frac{0{,}000105 \cdot 1{,}000356 \cdot 10{,}333}{425} = 0{,}00000255378,$$

und jetzt

$$c = 1{,}00049 - 0{,}0000022374 = 1{,}0004877626$$

und

$$c_1 = 1{,}0005489 - 0{,}00000255378 = 1{,}0005463462.$$

Es erscheint vielleicht recht überflüssig, die Werte von c und c_1 durch Berücksichtigung von a zu korrigieren, da die Korrektionen so klein sind, daß sie gegen die Ungenauigkeiten von c und c_1, sowie gegen die Bewertung des mechanischen Wärmeäquivalents mit rund 425 verschwinden. Prinzipiell müssen die a aber berücksichtigt werden, und da es uns hier nur auf den prinzipiellen Gang der Rechnung ankommen kann, weil wir auf Genauigkeit sowieso keinen Anspruch machen können, haben wir die Berechnung hier durchgeführt, obwohl sie praktisch, wie wir uns gestehen müssen, durchaus problematisch ist. Die Genauigkeit der vorhandenen physikalischen Größen reicht wohl für die im Laboratorium vorkommenden Rechnungen aus, aber bei weitem nicht für derartige Bestimmungen. Bisher war eben kein Bedürfnis für größere Genauigkeit vorhanden.

Für Gleichung 17) brauchen wir noch s_H und s'_H, die Dichten des Wassers von 10° und 11°, bezogen auf Wasserstoff von 0°.

Nach REGNAULT ist die Dichte des Wassers bei 4° = 11127,230, und wir erhalten daraus

$$s_H = 11124{,}307,$$
$$s'_H = 11123{,}284.$$

Jetzt haben wir nach D zu bestimmen. Es ist nach REGNAULT

$$D = \int_{10}^{11} c\,dt = 1{,}0005193,$$

wovon wieder a = 0,0000022374 abzuziehen ist. Damit wird

$$D = 1{,}0005170626.$$

Setzen wir die gefundenen Werte in 17) ein, so haben wir

$$v_H = \frac{2{,}00206880470 - 2{,}00206875056}{22248{,}040659 - 22189{,}6837489}.$$

Daraus kommt

18) $$v_H = -\frac{0{,}00000005424}{58{,}35691510} = \frac{1}{1075901827}.$$

Das heißt

$$v_H \cong \frac{1}{10^9}$$

oder in Worten: in Wasserstoff von 0° und normalem Atmosphärendruck nehmen die Atome selbst den $\frac{1}{10^9}$ Teil des Raumes ein oder füllen den $\frac{1}{10^9}$ Teil des Raumes aus, den sie infolge ihrer kinetischen Energie als Gasbestandteile beanspruchen.

Bei der Bestimmung von ν_H machen sich zwei Fehlerquellen geltend.

Erstens die Ungenauigkeit der benutzten Dichten und spezifischen Wärmen. Dagegen sind wir so lange machtlos, bis bessere Daten vorliegen. Zweitens ist das Mittel B nicht, wie wir angenommen haben, das arithmetische Mittel der beiden extremen B.

Berechnen wir, um uns ein Bild von der Genauigkeit unseres ν_H zu machen, nach Gleichung 14) B sowohl als B_1 gesondert, so erhalten wir, wenn $m = 17{,}96$ ist

$$B = \frac{1{,}4864}{m} \frac{(1 - s_H \nu_H)}{c} = 0{,}08276169 \frac{(1 - s_H \nu_H)}{c},$$

$$B_1 = 0{,}08276169 \cdot \frac{(1 - s'_H \nu_H)}{c_1}.$$

Die Differenz beider wird

$$B_1 - B = 0{,}08276169 \left(\frac{(c_1 - c) - (s_H c_1 + s'_H c) \nu_H}{c \cdot c_1}\right),$$

entnehmen wir die Werte für c_1, c, $s_H c_1$ und $s'_H c$ der umseitigen Rechnung, so kommt

$$B_1 - B = \frac{0{,}08276169}{1{,}00103437528}(0{,}00005858362 - 22236{,}542972 \cdot \nu_H).$$

Die Differenz $B_1 - B$ oder $B - B_1$ wird eine sehr kleine Größe sein, aber nach Gleichung 14) jedenfalls größer als Null, denn c ändert sich. Wir können es immer so einrichten, daß die Differenz positiv wird, indem wir entweder B von B_1, oder B_1 von B abziehen. In jedem Falle bleibt der Klammerwert ungeändert, der Klammerwert

$$0{,}00005858362 - 22236{,}542972 \cdot \nu_H$$

muß größer als Null sein, wenn der Wert der Gleichung von Null verschieden sein soll, folglich muß

$$\nu_H < \frac{0{,}00005858362}{22236{,}5428972} = \frac{1}{400000000} = \frac{1}{0{,}4 \cdot 10^9}$$

sein.

Der Größenordnung nach dürfte also unser Wert annähernd stimmen und der Fehler, den wir durch Bildung des arithmetischen Mittels von B und B_1 gemacht haben, nicht wesentlich sein.

Wollten wir den Fehler vermeiden, so müßten wir B als $F(s_H, c)$ zwischen den gewählten Temperaturgrenzen nach t integrieren und durch das Temperaturintervall dividieren. In Fig. 3 ist die Funktion für ein Molekül von konstanter Masse graphisch dargestellt. Wir können aber vorgreifend bemerken, daß die maßgebende Molekelmasse wenigstens in den kritischen Punkten nicht konstant bleibt. Näheres darüber in § 12. Die Figur gibt gleichzeitig ein Bild von den Veränderungen von B bei Wasser

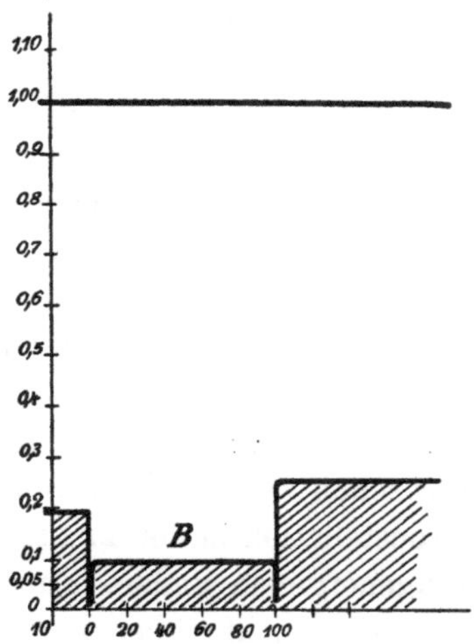

Fig. 3.

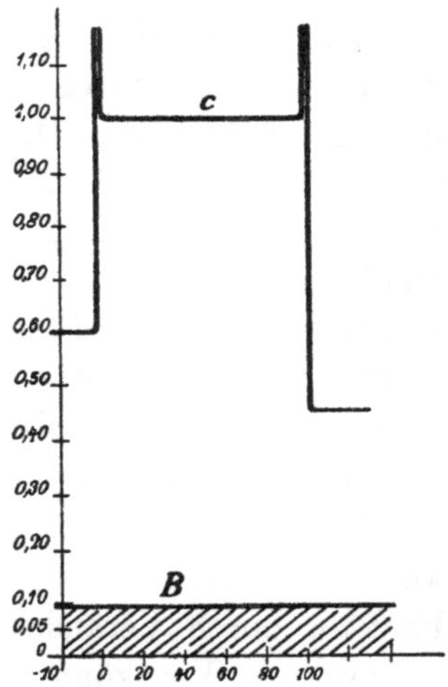

Fig. 4.

von -10^0 bis 130^0 C. Auf der Abszissenachse sind die Temperaturen von -10^0 bis 130^0 aufgetragen. Auf der Ordinatenachse sind die dazugehörigen B angetragen. Die zwischen der B-Kurve und der Abszissenachse liegende schraffierte Fläche $\int B\,dt$ gibt die Wärmemenge an, die die kinetische Flugenergie der Atome vermehrt, die andere Fläche dagegen bewertet die kinetische Energie der Drehbewegung und den auf die Arbeit A entfallenden Teil der Energie der Atome. In Fig. 3 ist also die spezifische Wärme relativ gleich 1 gesetzt. Tragen wir sie in ihrem wirklichen Wert, und B als Teilbetrag cB davon ein, so erhalten wir Fig. 4, die die Vorgänge quantitativ veranschaulicht. Die Gesamtfläche ist der gesamte Zuwachs des Wassers an innerer Energie von -10^0 bis 130^0,

$$= \int c \vartheta t.$$

Der gesamte Zuwachs an Drehenergie und A-Energie würde dann sein

$$= \int (c - c B) \vartheta t$$

und der Zuwachs an Flugenergie

$$= \int c B \vartheta t.$$

Die tiefen Einschnitte bei 0^0 und 100^0 in den Punkten, in denen sich der Aggregatzustand ändert, in der B-Linie in Fig. 3, sind im quantitativen Diagramm Fig. 4 verschwunden, die B-Linie ist nahezu die Linie einer konstanten Größe, die sich auch in den kritischen Punkten nicht ändert. Eine gewisse Temperaturerhöhung hat immer ein nahezu konstantes, sich nur langsam änderndes Plus von Flugenergie zur Folge. Die Kräfte, die die Aggregatform bedingen und mit denen wir uns später beschäftigen wollen, werden also in den kritischen Punkten durch einen normalen Zuwachs an Flugenergie überwunden: diese ist überhaupt das Wesentliche, wie wir später sehen werden, der Zuwachs wird aber durch die sich ändernde Konstellation in den kritischen Punkten durch Veränderung der Flugenergie in andere Energie erschwert. Wir können an dieser Stelle nicht näher auf den Vorgang eingehen, weil wir uns in diese Anschauungsweise durch elementare Entwicklung des § 6 erst allmählich einführen müssen. Wir werden dann sehen, daß mit einer gewissen Flugenergie der Atome als wesentlicher Faktor immer ein kritischer Punkt für den Körper eintritt, so daß seine kritischen Daten durch unsere Gleichungen berechenbar werden.

Der Ausdruck

$$\int c B \vartheta t$$

stellt also die Zunahme eines Körpers an Flugenergie von der Temperatur t bis t_1 dar, und zwar als Teilbetrag der Gesamtzunahme an innerer Energie. Geben wir den Zuwachs durch eine Fläche wieder im Sinne des Diagramms Fig. 4, so wäre diese inhaltsgleich mit einem Rechteck von der Seitenlänge $(t_1 - t)$ und

$$\frac{\int_t^{t_1} c B \vartheta t}{t_1 - t},$$

dem wirklichen Mittel B, statt dessen wir in Gleichung 16) und 17) das arithmetische Mittel der beiden extremen B eingesetzt haben. Die Schwierigkeit in dieser Berechnungsweise liegt darin, B zuverlässig als $F(t)$ darzustellen. B ist variabel mit c und s_H. Die Größe c und s_H hängen beide von t ab. Beim Wasser kennt man das Gesetz $c = F(t)$ genügend genau, nicht aber $s_H = F(t)$, man muß sich mit einer Reihe von Regnault zusammenhanglos nebeneinander gestellten empirischen Werten behelfen.

Obwohl der Ausdruck

$$D = \frac{(K_1 - K) \cdot (t_1 - t)}{\int_t^{t_1} c B \vartheta t}$$

theoretisch richtiger ist als unsere Gleichung 16)

$$D = \frac{(K_1 - K) 2}{B_1 + B},$$

gibt diese bei vorsichtig gewähltem Temperaturintervall doch bessere Resultate, zumal man sich bei den Bestandteilen von K_1, K und B mit einer für unsere Verhältnisse sehr mäßigen Genauigkeit begnügen muß, die sich noch verschlechtert, wenn sie in komplizierte t-Funktionen für $B = F(s_H c)$ eingeführt werden.

Wir wollen deshalb unsern hier gefundenen Wert mit $\frac{1}{10^9}$ als genügend genau ansehen und ihn ferner als tatsächlich benutzen. Streng genommen gilt er indessen nach unserer Entwicklung nur, wenn wir uns die Atome würflig vorstellen. Sind sie kuglig, so wird ihr wahrer Rauminhalt im Sinne der Entwicklung der $\frac{\pi}{6}$ Teil des gefundenen, also

19) $$v_H = \frac{\pi}{6} \cdot \frac{1}{10^9} = \frac{1}{1{,}9 \cdot 10^9}.$$

Die Gestalt der Atome kommt aber in Verbindung mit der Anwendung von v_H nirgends vor, sie fällt sozusagen aus unseren Betrachtungen heraus. Was wir gebrauchen, ist immer der Wert der Gleichung 18), weil nur in der Art v_H in Gleichung 3), die ja der ganzen Berechnungsweise zugrunde liegt, vorkommt. Wir meinen also stets

$$\nu_H = \frac{1}{10^9}.$$

5.

Die Fluggeschwindigkeit der Atome einiger Körper.

Mit Hilfe der Gleichung 17) und 18) sind wir imstande, die Fluggeschwindigkeit der Atome irgend eines Körpers anzugeben. Es ist nach 17)

$$u = 1840\sqrt{\frac{1 - s_H \nu_H}{m} \frac{T}{T_0}},$$

worin sowohl s_H als m sich auf Wasserstoff beziehen. Nach 18) ist

$$\nu_H = \frac{1}{10^9}.$$

Vernachlässigt man ν_H, wir wissen jetzt, daß wir das dürfen, nachdem wir seine Größe erkannt haben, so ist die kinetische Energie eines Moleküls für dieselbe Temperatur für alle Körper eine konstante. Es ist

$$\frac{m u^2}{2} = \frac{m}{2} \cdot \left(1840^2 \cdot \frac{1}{m} \cdot \frac{T}{T_0}\right) = \frac{3383441}{2} \cdot \frac{T}{T_0}.$$

In nachstehender Tabelle sind daraus die u der Elemente zusammengestellt, damit sie uns bei Bedarf zur Verfügung stehen.

Erst im § 12 können wir zeigen, daß die gefundenen Fluggeschwindigkeiten aber nicht immer die wirklichen, sondern hypothetische sind. Sie gelten nur für die angegebenen Molekulargewichte, und diese ändern sich mit der Temperatur.

Hier, wie in dieser Arbeit überhaupt ist, wenn nicht ausdrücklich etwas anderes bemerkt stets angenommen, daß die Molekeln der Elemente bei 0° zweiatomig seien. Im § 12 wird nachgewiesen, daß im Rahmen dieser Arbeit solche Festsetzungen problematisch sind und daß Molekulargewichte nur für die Temperaturen gelten, für die sie gefunden sind.

Name	Molekulargewicht m, Wasserstoff = 1	u bei 0° C. und Normaldruck	Name	Molekulargewicht m, Wasserstoff = 1	u bei 0° C. und Normaldruck
Aluminium	27,0	354	Niob	93,7	190
Antimon	119,6	168	Osmium	190,3	133
Argon	39,7	292	Palladium	106	179
Arsen	74,9	213	Phosphor	30,96	331
Baryum	137,1	157	Platin	194,3	132
Beryllium	9,0	613	Praseodym	139,4	156
Blei	206,4	128	Quecksilber	199,8	130
Bor	10,9	557	Rhodium	102,7	182
Brom	79,76	206	Rubidium	85,2	199
Cäsium	132,7	160	Ruthenium	110,4	175
Calcium	39,9	291	Samarium	150	150
Cer	139,9	156	Sauerstoff	15,96	460
Chlor	35,37	309	Schwefel	31,98	325
Chrom	52,0	255	Selen	78,9	207
Eisen	55,9	246	Silber	107,66	177
Fluor	19,0	422	Silicium	28,3	346
Gallium	69,8	220	Skandium	44	277
Germanium	72,3	216	Stickstoff	14,01	491
Gold	196,7	131	Strontium	87,3	197
Helium	4,0	920	Tantal	182	136
Indium	113,4	173	Tellur	125	165
Iridium	192,5	133	Thallium	203,7	129
Jod	126,53	164	Thorium	231,9	121
Kadmium	111,8	174	Titan	48	266
Kalium	39,03	294	Uran	237	119
Kobalt	59,3	239	Vanadin	51,2	257
Kohlenstoff	11,97	532	Wasser	17,96 (zweimolig s. § 12)	434
Krypton	81,0	204			
Lanthan	138	157	Wasserstoff	1,00	1839
Lithium	7,0	695	Wismut	208,4	127
Magnesium	24,3	373	Wolfram	183,6	136
Mangan	54,8	249	Xenon	127,1	163
Molybdän	96,0	188	Ytterbium	173	140
Natrium	22,99	384	Yttrium	89	195
Neodym	142,5	154	Zink	65,1	228
Neon	19,86	418	Zinn	118,8	169
Nickel	58,7	240	Zirkonium	90,4	194

Zweiter Teil.

Die Einheit der Naturkräfte in der Interferenztheorie.

---

§ 6.

Die kinetische Energie des Weltalls und der elementaren Bestandteile der Materie und die Entstehung der Anziehungskraft daraus.

Eine Ableitung des Newton-Gesetzes und der Schwerkraft ohne konventionelle Anziehungskraft.

Wir wollen uns jetzt mit dem zweiten Summanden von Q in Gleichung 1), mit W beschäftigen.

Bei Gasen versteht man unter W die Arbeit, die zur Überwindung des äußeren Luftdrucks gegen die Ausdehnung der Gase durch Erwärmung geleistet wird. Wir haben diese Arbeit im § 4 anders, a genannt. Dasselbe können wir uns unter a bei festen und flüssigen Körpern vorstellen, nur daß hier nicht nur der Luftdruck zu überwinden ist, sondern auch die Kraft, die die Molekeln oder Atome zusammenhält. Diese Kraft, die wir W nennen, überwiegt bei weitem die des Luftdrucks.

Schreiben wir

$$W = P_m(v - v_d),$$

worin v_d das Volumen des Körpers bei einer praktisch niedrigsten Temperatur bedeutet, als die wir, wie wir vorgreifend bemerken wollen, die praktisch unveränderliche Temperatur des Äthers im freien Weltenraum erkennen werden, den Äthernullpunkt, der mit unserem künstlich konstruierten absoluten Temperaturnullpunkt nicht identisch ist. v_d ist also nicht etwa das Volumen der energielosen Bestandteile des Körpers, das Volumen seiner

Atome selbst, denn auch beim Äthernullpunkt sind die Atome noch bewegt. Sie besitzen dann aber nur mehr die Energie einer äquivalenten Äthermenge im freien Weltenraum. v dagegen ist das Volumen bei einer höheren irdischen Temperatur. P_m ist die Kraft, die der Volumenänderung entgegensteht, also der jeweilige Wert der veränderlichen Attraktionskraft, mit der wir uns im § 9 eingehend beschäftigen. In diesem Sinne können wir W als innere potentielle Energie des Körpers ansehen, die natürlich direkt nichts mit seinem relativen Verhältnis zur Erde und ihrer Bewegung zu tun hat. W steckt dann zum Teil schon in U, es ist eine Funktion davon, so daß W und U untrennbar wird.

Wir können die Gesamtenergie der Gleichung 1) jetzt nach unserer Theorie richtiger schreiben

$$Q = \Big(\big((E_d + E_F) + A\big) + P_m(v - v_d)\Big) + \mathrm{a}.$$

Was ist nun aber P_m seiner Natur nach und wie groß ist P_m; was leistet Widerstand gegen die Ausdehnung der Körper, oder, was dasselbe ist, was hält sie zusammen?

Es ist dies eine Frage nach dem Wesen der Anziehungskraft überhaupt und in letzter Linie nach dem Wesen der Schwerkraft.

Die Energie von A ist, wie schon früher bemerkt, sinnlich nicht wahrnehmbar, sie wird nur durch Rechnung offenbar. Wir wollen uns deshalb erst dann mit ihr beschäftigen, wenn wir zu dieser Rechnung gelangen.

Zur Erklärung von P_m existieren die verschiedenartigsten Hypothesen, von denen die allgemeinste die ist, daß die Molekeln sich gegenseitig anziehen. Daß die elementaren Molekeln also nicht nur kinetische Energie infolge ihrer Bewegung besitzen, sondern daß an ihnen unabhängig von der Bewegung eine durchaus transzendentale Anziehungskraft haftet. Mäßig streng genommen versucht diese Hypothese also gar keine Erklärung der Erscheinung, sondern systematisiert sie nur und läßt sie im übrigen auf sich beruhen.

Wir gehen auf die verschiedenen andern Hypothesen, die wirklich eine Erklärung für das Phänomen der Anziehungskraft versuchen, zum Teil auf rein energetischem Wege ohne materielles

Substrat der Energie, zum Teil durch eine bestimmte Bewegung materieller Elementarteilchen hier nicht ein, weil sie das nicht leisten, was sie versprechen. Die meisten der letzteren, wie die von FRITSCHE, ISENKRAHE u. a. und eine neuere von JOHANNES HÄDICKE[1] gründen sich auf einen Versuch von HUYGHENS über Bewegungen an Körpern in rotierenden Flüssigkeiten. Andere, z. B. GRUJIC,[2] legen ihrer Entwicklung andere Beobachtungen an rotierenden Körpern zugrunde. Wir lassen uns auf eine Erörterung der Hypothesen und ihrer Grundlagen nicht ein. Sie sind ziemlich verworren in Grundlagen und Deduktion, die übrigens nirgends mathematisch durchgeführt ist, was wir vor allem verlangen müßten. Dann stehen die Hypothesen mit vielen Beobachtungen im Widerspruch und leisten gar nichts für unser Kausalitätsbedürfnis. Sie erfüllen deshalb auch nicht ihren Hauptzweck, Anziehungserscheinungen aus allen möglichen Gebieten unter einen Gesichtspunkt zu bringen.

Das Vorhandene genügt unserem speziellen Bedürfnis, ein Verstehen der Konstitution der Materie zur Eliminierung von P_m auch in keiner Weise, wenn wir uns eben nicht mit einer selbständigen Anziehungskraft der Atome zufrieden geben.

Wir wollen uns deshalb für unsere weitgehenden Bedürfnisse eine besondere Hypothese eruieren, in der wir die in dem angedeuteten gerügten Fehler möglichst zu vermeiden suchen. Sie soll sich durchaus verallgemeinern lassen, also für alle Anziehungserscheinungen gleichmäßig passen, seien es nun solche der Schwerkraft, der Elektrizität, des Magnetismus, der chemischen Affinität oder sonst welche, und hierin mathematisch faßbar sein, numerische Erklärungen geben, die durch das Experiment verifizierbar sind. Sie soll überhaupt unseren Vorstellungskreis so erweitern, daß sie Unbekanntes mit Bekanntem in Zusammenhang bringt und komplizierte Vorgänge in einfache elementare Energievorgänge zerlegt.

Wir befinden uns mit unserer Hypothese in der vorteil-

---

[1] Die Lösung des Rätsels von der Schwerkraft, von Dr. J. HÄDICKE. Leipzig 1902.

[2] Das Wesen der Anziehungs- und Abstoßungshypothese, von SPIRIDON DJ. GRUJIC. Berlin 1902.

haften Lage, daß ihre Grundlagen uralt und allgemein geläufig sind und daß sie nur eine notwendige Konsequenz dieser Grundlagen ist, wie die kinetische Energie eine notwendige Konsequenz der Bewegung einer Masse ist. Die Grundlage unserer Hypothese, der Interferenztheorie ist die, daß die Materie und der Äther aus diskreten bewegten Teilen besteht; die Interferenztheorie steht und fällt mit dieser Annahme, so daß wir behaupten können, daß entweder alle Kräfte und Erscheinungen des Weltalls durch die Interferenztheorie als mechanische Wirkungen bewegter kleinster Teile erklärt werden und daß alle Spezialhypothesen und Spezialerklärungsversuche für Spezialkräfte überflüssig sind, soweit es sich um die letzten mechanischen Ursachen handelt oder daß es keine bewegten kleinsten Teile gibt und die Grundlagen unserer mechanischen und chemischen Anschauungen zu verändern sind.

Wir gehen jetzt zur Entwicklung unserer Theorie über.

Der ganze Weltenraum ist durchsetzt mit Stoff, mit allerkleinsten diskreten Massenteilchen bzw. Substanzteilchen, die sich in fortschreitender Bewegung befinden. Alle Massenteilchen sind der Substanzart nach absolut gleichartig, der Größe oder der Masse nach natürlich verschieden. Wir wollen aber vorläufig annehmen, die Stoffteilchen seien alle gleichgroß, um unsere Entwicklung zu vereinfachen. Später gehen wir von dieser gezwungenen Vorstellung ab.

Wir wollen auch vorläufig die Massenteilchen mit Äther bezeichnen, obwohl nur ein Teil davon den Äther bildet.

Wo fortschreitende Bewegung ist, ist auch Drehbewegung, diese interessiert uns aber hier ganz und gar nicht, wir legen den Ton nur auf die fortschreitende Bewegung, im Unterschied von den übrigen Hypothesen.

Die Ätherteilchen besitzen keinerlei besondere Eigenschaften, sie haben nur eine gewisse uns hier gleichgültige Größe und sind in Bewegung. Die Bewegungsgröße $m \cdot u$ hat einen gewissen Wert. Im übrigen sind sie weder schwer, denn im Weltenraum, wo es weder oben noch unten gibt, gibt es auch keine Schwerkraft, noch beeinflussen sie sich gegenseitig, etwa durch eine Repulsions- oder Attraktionskraft, wie Kant sie nennt. Sie fliegen frei beweglich umher, bis sie an ein anderes Teilchen stoßen und setzen dann in irgend einer Komponente ihre Bahn fort. Sie sind homogen, also unmöglich elastisch. Durch diese Eigenschaften müssen sie sich ganz gleichmäßig im Weltenraum verteilen und auf einen Raum, in dem das Durchschnittsmaß der Verteilung, die Durchschnittsdichte nicht erreicht ist, einen gewissen Druck ausüben, der eine Funktion der Bewegungsgröße mu ist.

Wenn wir hieraus alles Irdische und Kosmische, die Materie mit ihren Eigenschaften ableiten, so wollen wir uns vorher die metaphysischen Krücken unserer Weltanschauung nochmals ganz klar machen. Zuerst brauchen wir einen Weltenraum und dann sein Füllsel, den bewegten Äther. Der Versuch einer Beantwortung der Frage nach der Ursache dieser Begriffe, ihre nähere Bestimmung würde uns tief in rein philosophische Probleme führen, die wir, als für unsere Zwecke durchaus unfruchtbar, vermeiden wollen. Wir nehmen Weltenraum und bewegten Äther als gegeben und alles übrige als deren Funktionen an, und schieben damit quasi die letzten Ursachen aus unserem Weltenraum hinaus.

Außerdem wollen wir noch die Konstanz der Energie des Weltalls voraussetzen. Wenn man sich die molekularen Vorgänge näher vergegenwärtigt, kommt man von selbst auf diese Voraussetzung als notwendiges Postulat. Man müßte der natürlichen Vorstellungsreihe Zwang antun, wollte man um die Konstanz herumkommen.

Wir können annehmen, daß endlich ein Zeitpunkt gekommen sei, in dem alle Geschwindigkeiten der Ätheratome und damit ihre Atomräume sich ausgeglichen haben, so daß jedes Atom von der Masse m die Geschwindigkeit n und den Atomraum ϱ hat. Notwendig ist also diese Annahme nicht, wir können auch unter n und ϱ einen Mittelwert verstehen. Hier sei daran erinnert: Unter Atomraum und Molekularraum verstehen wir nicht den Wert $\frac{m}{s_H}$, wie in der physikalischen Chemie üblich, sondern das $1\frac{1}{2}$fache dieses Wertes, wie aus Gleichung 3) hervorgeht.

Damit Irrtümer vermieden werden, wollen wir die Größe

$\frac{m}{s_H}$ den statischen Atomraum r nennen, die Größe $1\frac{1}{2} r = \frac{\lambda}{2} = \varrho$ den dynamischen Atomraum oder Atomröhre und ihn auch seiner Bedeutung gemäß immer mit ϱ bezeichnen.

Die kinetische Energie eines Atoms in bezug auf die fortschreitende Bewegung ist dann $\frac{m u^2}{2}$ und ebenso die kinetische Energie des Weltalls, wenn N die Anzahl aller Ätheratome ist

$$N m \frac{u^2}{2}.$$

Außerdem rotieren die Atome. Wir können die kinetische Energie der Rotation für ein Atom durchschnittlich $\frac{m u_1^2}{5}$ setzen, für das Weltall also

$$N m \frac{u^5_1}{5}$$

und als gesamte kinetische Energie

$$\alpha) \qquad N m \left(\frac{u^2}{2} + \frac{u_1^2}{5}\right).$$

Unter der Voraussetzung der Konstanz der Energie des Weltalls untersuchen wir jetzt, ob α die Energie des Weltalls schlechthin, oder nur einen Teil davon angibt.

Stellen wir uns vor, ein Atom treffe so auf ein anderes, daß sie beide zum Stillstand kommen, daß also die algebraische Summe ihrer kinetischen Energie aus der fortschreitenden und drehenden Bewegung $= 0$ ist. Offenbar hat dann α) um

$$2 m \left(\frac{u^2}{2} + \frac{u_1^2}{5}\right)$$

abgenommen, was der Konstanz der Weltallenergie widerstreitet.

Wenn die beiden Atome durch den Anprall zum Stillstand gekommen sind, so müssen sie zunächst ruhig nebeneinander stehen bleiben. Es kann in ihnen absolut keine Veränderung durch den Stoß vorgehen. Es wäre absurd, wenn man behaupten wollte, sie erhitzen sich durch den Stoß, denn sie sind einfach und stehen still, Wärme ist aber eine Bezeichnung für eine Bewegungsäußerung, wie wir gesehen haben. Etwas anderes aber ist inzwischen um sie herum vorgegangen. Unser Doppelatom, daß in getrennt bewegtem Zustande den dynamischen Atomraum 2ϱ einnimmt, beansprucht jetzt nur noch $2 m$, wenn wir unter m

außer der Masse auch den Rauminhalt der Atome verstehen. Es ist also ein Raum von $2(\varrho - m)$ um das Doppelatom herum disponibel geworden, auf den die Atome, wenn sie ihn nicht durchfliegen könnten, einen gewissen Druck $2p$ ausüben würden, wenn wir den Druck auf eine Atomröhre p nennen, der durch die Energie eines Atoms das Gleichgewicht gehalten werden kann. Nun werden, so wollen wir der Einfachheit halber annehmen, die andern Atome gleichmäßig nachrücken, das Loch im Äther um unser Doppelatom wird abnehmen, ebenso der Druck, der wieder der normale ist, wenn die Atome das Doppelatom erreicht haben, wodurch der Weltenraum Nr um $2(r - m)$ kleiner werden muß. Die Bedingung des Gleichgewichts verlangt, daß die Atome das Doppelatom wieder in den Bewegungszustand zurückversetzen, den es vorher geteilt inne hatte. Das Doppelatom mit der Masse $2m$ wird also eine Geschwindigkeit u annehmen. Infolge seiner kinetischen Energie

$$2m\left(\frac{u^2}{2} + \frac{u_1^2}{5}\right)$$

die Atomröhre 2ϱ für sich beanspruchen. Der Weltenraum nimmt damit wieder um $2(r - m)$ zu.

Wir bemerken hier, daß wir mit den Betrachtungen über die Weltenergie und der Größe des Weltenraumes nur unserem Vorstellungsvermögen im Sinne unseres Entwicklungsgedankens zu Hilfe kommen wollen, weiter nichts. Den Vorgängen selbst werden wir später eine andere Deutung geben.

Im Augenblick, als das Doppelatom still stand, war die Energiemenge nicht als Bewegung vorhanden. Sie muß also in anderer Form latent gewesen sein. Die Gleichung α) gibt daher auch in unseren einfachen Verhältnissen nicht immer die gesamte Weltenergie, wenn wir unter N nur die bewegten Ätheratome verstehen. Setzen wir

$$N = N_B + N_R$$

gleich der Summe der bewegten und ruhenden Atome, so wird jetzt die Gesamtenergie

$$\beta) \qquad \left(\frac{u^2}{2} + \frac{u_1^2}{5}\right) \cdot (N_B m + N_R m).$$

Nach der Definition können wir den zweiten Teil von β) als potentielle Energie auffassen, deren Wert in unserem speziellen

Falle $2 p \varrho$ wäre. ϱ ist dabei nach Gleichung 3) eine Röhre mit dem Querschnitt von m und dem Inhalte $\frac{3}{2} \cdot r$ und in diesem Sinne eine Länge. Bei anderen Gelegenheiten können wir uns ϱ auch als Volumen vorstellen, wenn es deutlicher wird.

Allgemein werden wir setzen können

$$\gamma) \qquad n p \cdot n \varrho = n m \left(\frac{u^2}{2} + \frac{u_1^2}{5}\right).$$

Das heißt, an Stelle einer beliebigen Menge kinetischer Energie kann im Weltenraum eine äquivalente Menge potentieller Energie in Form einer Spannung zu gewissen Teilen der Äthermenge treten. Das scheint uns aber die einzig mögliche Form einer Verwandlung der Energie überhaupt zu sein und wir werden alle Energieäußerungen, seien es nun chemische, elektrische, magnetische oder reine Anziehungserscheinungen, auf diese beiden Formen zurückzuführen haben. Wir werden sehen, daß dies zwanglos möglich ist.

Nach γ) können wir die Weltenenergie auch schreiben

$$20) \qquad N m \left(\frac{u^2}{2} + \frac{u_1^2}{5}\right) = N p \cdot N \varrho = N m \varrho G,$$

wenn wir unter

$$21) \qquad G = \frac{1}{\varrho} \cdot \left(\frac{u^2}{2} + \frac{u_1^2}{5}\right) = C \cdot S^{-2} \text{ im C.G.S.-System}$$

eine Beschleunigung verstehen. G ist eine Funktion von u.

Über die Natur von p gibt ebenfalls Gleichung 20) Aufschluß. Demnach ist

$$22) \qquad p = \frac{m}{N \varrho}\left(\frac{u^2}{2} + \frac{u_1^2}{5}\right) = \frac{m}{N \cdot \varrho} \frac{u^2}{2},$$

denn es ist:

$$u_1 = F(u).$$

Hierin ist $\frac{m}{N \cdot \varrho} u^2$ nach Gleichung 3) eine Temperatur, die wir τ nennen wollen. Wir können nach Gleichung 3) schreiben

$$\tau = \frac{m u^2}{N \varrho} = m \frac{u^2}{3(1 - s_H \nu_H)},$$

worin ν_H das Volumen der Wasserstoffatome in der Volumeneinheit ist, und s_H die Dichte des Äthers, bezogen auf Wasserstoff. τ ist die Temperatur des Weltäthers im freien Weltenraum. m ist eine sehr kleine Größe und u hat man sich, wie wir im Laufe unserer Entwicklung sehen werden, verhältnismäßig klein vorzustellen, τ ist deshalb eine sehr niedrige Temperatur, und zwar, wenn u konstant ist, eine konstante, unveränderliche Temperatur. Bei Gelegenheit einer Besprechung des Entropiebegriffs werden wir finden, daß u und damit τ sich im offenen Weltenraum wenig ändert. Mithin ist auch p im freien Ätherraum praktisch konstant. In der Nähe wärmerer Materie verändert sich aber τ und p.

Sind alle Ätheratome in Ruhe, so gibt es auch keine Energie irgend welcher Art mehr, da keine Spannung als solche nach γ) zwischen ihnen vorhanden ist. Erst in dem bewegten Ätherschwarm kann es auch potentielle Energie geben. Es kann deshalb nirgends in der Natur, im Weltenraum die absolute Temperatur Null geben, es ist auch nicht denkbar, daß man sie künstlich herstellen kann.

Der Energiebetrag γ) wird dem Doppelatom durch Stoß zugeführt, es mag sich mit der Geschwindigkeit wieder an der allgemeinen Bewegung beteiligen und kann durch seine lebendige Kraft seinerseits nun anstürmende Atome in wechselseitigem Kraftaustausch zurückdrängen. Nimmt es endlich den normalen Atomraum zweier Atome, also 2ϱ wieder ein, so ist der status ante erreicht, das Gleichgewicht ist wieder hergestellt und der Weltenraum hat wieder die Ausdehnung Nr.

Wir wollen festhalten: Vereinigen sich n Atome zu einem Molekel, so beansprucht dies zwar den $n$fachen Atomraum, im übrigen bleibt aber der kinetische Energiezustand der ganzen Äthermasse vorläufig ungeändert.

In dem $n$fachen Atom sind die n Ätheratome durch keinerlei Kräfte aneinander gebunden, es liegt also eigentlich kein Grund vor, warum sie zusammenbleiben sollen. Mit dieser Schwierigkeit werden wir weiter unten fertig werden. Vorläufig wollen wir annehmen, sie bleiben zusammen.

Die Schwingungen des $n$fachen Atoms besitzen aber in dem betrachteten Falle nur den n^{ten} Teil der Frequenz eines einfachen Atoms.

Wir werden später sehen, wie sich die Schwingungsfrequenz unabhängig von der Zusammensetzung durch Energievorgänge ändern kann. Es kommt auch hier nur darauf an, daß die Frequenz des n fachen Atoms eine andere ist als die des Äthers, und unsere Festsetzung mag als Maßbestimmung der Frequenz aufgefaßt werden. Darauf allein kommt es uns an. Daraus können wir eine Erscheinung ableiten, die uns einen großen Schritt weiter führt. Pulsiert unser Molekel anders, langsamer als der umgebende Atomschwarm, so wird es zunächst in seiner nächsten Umgebung bald Verdichtungen, d. i. Verkleinerungen, bald Verdünnungen oder Vergrößerungen der mittleren Atomräume veranlassen, die sich im Atomschwarm, den man sich immerhin nach Clausius sehr dicht vorstellen muß, da er sonst die kleinsten Schwingungen der ultravioletten Strahlengattung nicht fortpflanzen könnte, sphärisch ausbreiten. Fig. 5 läßt dies erkennen. Die ganze Äthermasse wird durch dies Molekel M mit Wellen durchsetzt, deren Intensität infolge ihrer sphärischen Gestalt mit dem Quadrat der Entfernung abnimmt. Am Gleichgewichtszustand der Äthermenge wird hierdurch noch nichts geändert; doch können wir uns die nebensächliche Rückwirkung der Wellen auf M in der Art denken, daß eine Ortsveränderung in bezug auf seine relative Lage im Weltenraum erschwert wird, während ein einzelnes Atom ungehindert den Ätherraum durchfliegen kann, immer im wechelseitigen Energieaustausch mit anderen.

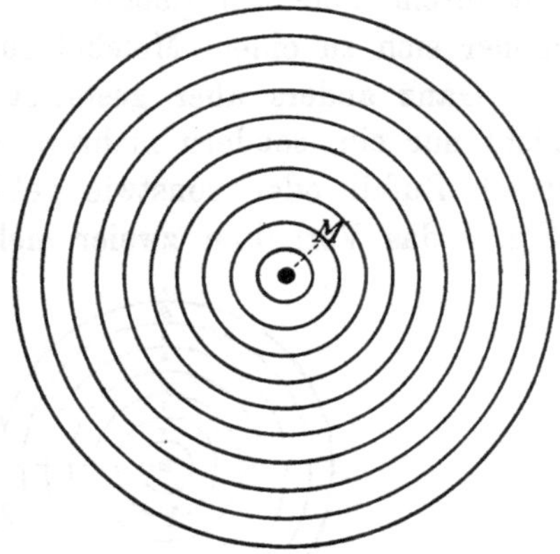

Fig. 5.

Die sphärischen Wellenflächen, die Niveauflächen darstellen, drücken konzentrisch auf M mit einer Kraft, die in der Entfernung $n\varrho$ von M, an der Grenze seines Molekularraumes, den Wert np haben muß, in der Entfernung x aber auf

23) $$np\left(\frac{n\varrho}{x}\right)^2$$

gesunken ist.

Über die Temperatur der ganzen Masse des n atomigen Molekels müssen wir jetzt Festsetzungen machen. Nach Gleichung 3) ist

$$\mathfrak{T} = \frac{m_1}{N_1} \frac{u^2}{\lambda_1}.$$

Hier haben wir $m_1 = n m$, $N_1 = n$, $\lambda_1 = n \varrho$, folglich

$$\mathfrak{T} = \frac{n m}{u} \frac{u^2}{n \varrho} = m \frac{u^2}{n \varrho} = \tau.$$

Das heißt, die Temperaturwirkung der bewegten Atome ist mit ihrem Potential überall die gleiche, wie viele Atome auch immer sich zu einem Molekel zusammengetan haben.

Ganz anders aber gestaltet sich die Sachlage, sobald sich nicht nur ein, sondern mehrere Atomkomplexe in der Äthermasse durch Zufall oder sonstwie gebildet haben. Betrachten wir in Fig. 6 das Verhalten zweier mehratomiger Molekeln zueinander.

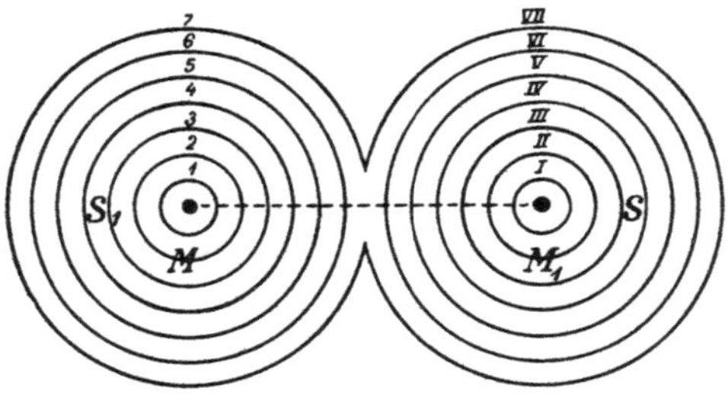

Fig. 6.

M und M_1 seien zwei Atomkomplexe, zwei Molekeln, die sich in nichts von ihrer Umgebung unterscheiden, als in der absoluten Schwingungsfrequenz.

Beide Komplexe mögen aus n Atomen zusammengesetzt sein. Von jedem Komplex bilden sich Wellensphären, deren Abstände voneinander von der Zusammensetzung der Komplexe abhängt. Da nach unserer vereinfachenden Annahme beide Komplexe die gleiche Zusammensetzung haben, entsendet sowohl M nach M_1 als M_1 nach M gleichviel Wellen oder Schwingungen in der Zeiteinheit. Zwischen M und M müssen sich nun die Wellen durch Interferenz teilweise aufheben, da ihre Kraftrichtungen entgegengesetzte sind, seitlich und hinter den Komplexen aber bleiben die Wellen und ihre Reaktionswirkung auf M bzw. M_1 im vollen

Umfange als Interferenzschatten S_1 bzw. S bestehen, deren komponentale Reaktion in die Richtung der Verbindungslinie von M und M_1 eine Bewegung der Komplexe gegeneinander veranlassen wird.

Die Kraft, die die Bewegung veranlaßt, oder mit der sich M und M_1 anziehen, denn wir haben hier den einfachsten Fall, der als Massenanziehung wahrgenommen wird, wird vom Grade der Interferenzwirkung abhängen.

Wir wollen versuchen uns ein Bild von der Größe der Anziehungskraft zu machen.

Nehmen wir an, M und M_1 fange gleichzeitig an zu schwingen. Die Entfernung der Molekularräume M und M_1 sei a (Fig. 6). Die Niveausphären, deren Abstand voneinander offenbar λ ist, breiten sich von M sowohl als von M_1 gleichmäßig im Raume aus und begegnen sich zuerst in der Mitte von a. In der Fig. 6 sind es die Wellen 7 und VII, die zuerst zusammentreffen und interferieren.

Nach Gleichung 23) ist die Reaktionskraft der Sphäre 7 in a

$$+ np\left(\frac{n\varrho}{\frac{a+n\varrho}{2}}\right)^2\frac{u}{n\varrho},$$

wenn wir die Kraftrichtung auf M die positive nennen, und die Reaktionskraft von VII in a

$$- n_1 p\left(\frac{n_1\varrho}{\frac{a+n_1\varrho}{2}}\right)^2\frac{u_1}{n_1\varrho},$$

$\frac{u}{n\varrho}$ und $\frac{u_1}{n_1\varrho}$, zwei Werte, die hier einander gleich sind, bezeichnen die Anzahl der Stöße in der Zeiteinheit, denn die Reaktionskraft ist ja nicht konstant, sondern entsprechend der Schwingungsfrequenz der Molekeln intermittierend.

Die algebraische Summe beider Kräfte in a ist Null. Aus den Kreuzungspunkten der Sphären mit der Verlängerung von a, aus dem Interferenzschatten bleibt ein positiver Kraftüberschuß

$$np\left(\frac{2\cdot n\varrho}{a+n\varrho}\right)^2\frac{u}{n\varrho}$$

für jedes Molekel mit der Richtung $M - M_1$ bzw. $M_1 - M$, der bei jedem als Anziehungskraft zwischen beiden Komplexen auftritt.

Damit erhält M sowohl als M_1 relativ eine gewisse potentielle Energie, die sich hier sogleich in kinetische verwandelt, weil die Komplexe sich in Bewegung setzen. Der Vorgang hat den Erfolg, daß die Sphäre *7* oder *VII* als solche durch die Interferenz total verschwindet, ebenso wird eine Bildung einer weiteren Sphäre unmöglich. Da die engeren Sphären keine besondere Wirkung auf ihre Komplexe ausüben, ist die gefundene die gesamte Anziehungskraft.

Fig. 7 veranschaulicht allgemeiner die Entstehung der Anziehungskraft unter ungleichen Komplexen, an der wir eine allgemeine Gleichung entwickeln wollen. M möge n Atome, M_1 aber n_1 davon enthalten. Oder, da uns die Zusammensetzung der

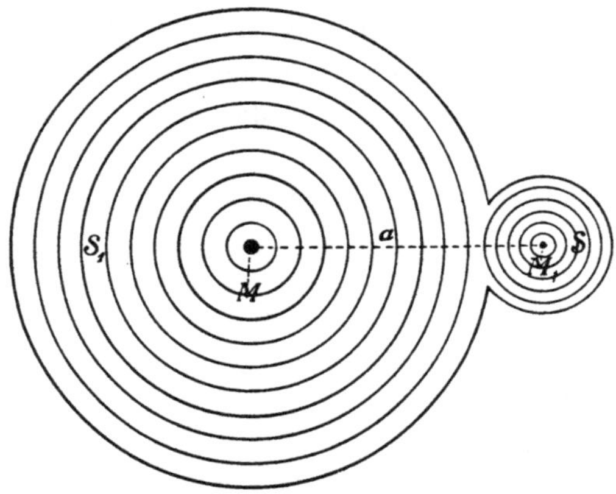

Fig. 7.

Molekeln an sich gleichgültig ist, die Schwingungsfrequenz von M möge sich zu der von M_1 verhalten wie n zu n_1. Mit den Schwingungen von M bzw. M_1 breiten sich Niveausphären im Raum aus mit der zeitlichen Aufeinanderfolge $\frac{u}{\lambda}$ bzw. $\frac{u_1}{\lambda}$ und den Abständen λ bzw. $\lambda_1 = n_1\, \varrho \cdot 2$ und $n \cdot \varrho \cdot 2$. Wir wollen hier annehmen, daß auch $n > n_1$ ist und erst später feststellen, wie eine solche Ungleichheit entstehen kann.

Totale Interferenz erfolgt in a an einer Stelle, an der die Wellen der Molekeln M und M_1 gleiche, aber entgegengesetzte Reaktionskräfte besitzen. Es wird hier

$$n p \frac{u}{\lambda} \cdot \left(\frac{n \varrho}{a + (n + n_1) \varrho} \cdot \frac{1}{\frac{\sqrt{n p \frac{u}{\lambda}}}{\sqrt{n p \frac{u}{\lambda}} + \sqrt{n_1 p \frac{u_1}{\lambda_1}}}} \right)^2 =$$

$$n_1 p \frac{u_1}{\lambda} \left(\frac{n_1 \varrho}{a + (n + n_1) \varrho} \cdot \frac{1}{\frac{\sqrt{n_1 p \frac{u_1}{\lambda_1}}}{\sqrt{n p \frac{u}{\lambda}} + \sqrt{n_1 p \frac{u_1}{\lambda_1}}}} \right)^2.$$

Hierin reduzieren wir die Kräfte auf eine Bezugslänge 1, damit wir sie miteinander vergleichen können.

Es verhält sich die Kraft z. B.:

$$1 \text{ zu } n p \frac{u}{\lambda} \text{ wie } 1 \text{ zu } (n \varrho)^2.$$

Daraus erhalten wir

$$n p \frac{u}{\lambda} \cdot \left(\frac{n \varrho}{n \varrho} \right)^2 \cdot \left(\frac{\sqrt{n p \frac{u}{\lambda}} + \sqrt{n_1 p \frac{u_1}{\lambda_1}}}{(a + (n + n_1) \varrho) \cdot \sqrt{n p \frac{u}{\lambda}}} \right)^2 =$$

$$n_1 p \frac{u_1}{\lambda_1} \left(\frac{n_1 \varrho}{n_1 \varrho} \right)^2 \cdot \left(\frac{\sqrt{n p \frac{u}{\lambda}} + \sqrt{n_1 p \frac{u_1}{\lambda_1}}}{(a + (n + n_1) \varrho) \cdot \sqrt{n_1 p \frac{u_1}{\lambda_1}}} \right)^2$$

oder geordnet und ausgerechnet für beide Seiten

24) $$\frac{p}{\varrho} \left(\sqrt{u} + \sqrt{u_1} \right)^2 \cdot \frac{1}{(a + (n + n_1) \varrho)^2}.$$

Man kann sich die totale Interferenz auch allmählich entstanden denken von einem Komplex zum andern fortschreitend. Dies Resultat bleibt dasselbe.

In 24) bezieht sich u und u_1 auf das Molekül, dessen Anziehungskraft zu bestimmen oder auszudrücken ist. p ist nach unseren Ermittlungen auf Seite 43 eine Größe des Äthers. ϱ bezieht sich ebenfalls auf den Äther, p und ϱ sind im freien Äther praktisch konstant, in der Nähe von Materie aber nicht konstant, sondern werden durch deren Energie oder Temperatur beeinflußt.

Die Masse des Moleküls M oder M_1 als solche kommt in unserer Ableitung nicht vor. Es ist zwar $n \varrho$ und $n_1 \varrho$ eine

Funktion der Masse, aber nur in unseren elementaren Verhältnissen ist der Zusammenhang zwischen der Masse und diesen Größen ein so einfacher. In Wirklichkeit beeinflussen andere Kräfte, auf die wir später eingehen, den Atomraum und die Fluggeschwindigkeit so, daß daraus nicht mehr auf die Masse geschlossen werden kann. In diesem Sinne ist $n\varrho$ und $n_1\varrho$ unabhängig von der Masse. Wir nennen die Masse der Molekeln M und $M_1 = 1$.

Sind im mittleren Abstand a von M nicht ein Atom M_1 mit der Wellenlänge λ_1, sondern m_1 davon vorhanden, so wird jedes mit der Kraft angezogen, die aus Gleichung 24) hervorgeht. Die Anziehungskraft ist die m_1 fache. Und befinden sich bei $M m$ entsprechende Atome, so wird die Gesamtanziehungskraft die $m \cdot m_1$ fache. Berücksichtigen wir dies in unserer Gleichung, so kommt als Anziehungskraft eines Körpers mit der Masse m_1, zusammengesetzt aus m_1 Atom mit der Masse 1, gegen einen andern Körper von der Masse m, zusammengesetzt aus m Atome mit der Masse 1, d. h. als Anziehungs- oder Gravitationsgesetz

$$25) \qquad G = \frac{p}{\varrho}\left(\sqrt{u} + \sqrt{u_1}\right)^2 \frac{m \cdot m_1}{\left(a + (n + n_1)\varrho\right)^2}.$$

Gleichung 25) ist nun in mehrfacher Hinsicht außerordentlich interessant. Sie stellt das Newton-Gesetz dar, das gewöhnlich in der Form geschrieben wird

$$e\,\frac{m \cdot m_1}{r^2},$$

worin e eine Konstante bedeutet. Vorausgesetzt, daß unser Gesetz der Wirklichkeit entspricht, nehmen wir am Newton-Gesetz in der alten Form folgende Ungenauigkeiten wahr.

Zuerst bemerken wir die kleine Abweichung, daß in r, der Entfernung der Körper, nicht die Wellenlängen berücksichtigt sind. Es müßte nach unserer Anschauung heißen

$$r + (u + u_1)\varrho.$$

Wenn auch dieser Umstand in kosmischen Verhältnissen ohne jede Bedeutung ist, so wird er doch wichtig, wenn r sehr klein wird. Man hat dem Newton-Gesetz oft vorgeworfen, daß die

Anziehungskraft nach ihm unendlich groß wird, wenn r unendlich klein wird. Nach unserer Gleichung bleibt die Anziehungskraft endlich.

Zweitens ist die Anziehungskraft bei konstantem r von der Größe e abhängig. Es ist

26) $$e = \frac{p}{\varrho}\left(\sqrt{u} + \sqrt{u_1}\right)^2.$$

Wir haben zu untersuchen, inwiefern e eine Konstante genannt werden kann.

In kosmischen Verhältnissen kann e wohl ohne weiteres als vollkommen konstant betrachtet werden, wenigstens für Jahrtausende. Denn in zwei Weltkörpern werden u bzw. u_1 Jahrtausende lang konstante Mittelwerte haben, und τ, die Temperatur des Weltenraums, darf überhaupt als konstant gelten. Indessen läßt Gleichung 25) Abweichungen vom Newton-Gesetz bei Weltkörpern, die noch im Entstehen begriffen sind, verstehen.

Für irdische Verhältnisse drückt Gleichung 25) das Gesetz der Schwerkraft aus. Im großen und ganzen hat man Schwankungen der Schwerkraft oder des Gewichts eines Körpers nicht wahrgenommen. Bei weitgehender Erhöhung oder Erniedrigung seiner Temperatur werden kleine Änderungen des Gewichts durch zahllose Nebenwirkungen, wie Oxydation, Beeinflussung der Wagebalken durch die nicht normalen Temperaturen des zu wägenden Körpers, Veränderung des Auftriebes der Luft und Auftreten von Luftströmungen usw. usw. auch verdeckt und den augenfälligsten davon zugeschrieben. Indessen blieben besonders auffällige Gewichtsschwankungen[1] namentlich als Begleiterscheinung bei chemischen Umsetzungen nicht immer ganz unbemerkt. Zu positiven Resultaten führten diese Wahrnehmungen nicht. Da man sie sich nicht plausibel machen konnte, glaubte man schließlich durch Nebenwirkungen getäuscht zu sein.

Sehen wir uns unsere Gleichung daraufhin näher an.

---

[1] Näheres darüber findet man bei Rayleigh: Wird das Gewicht durch chemische Umsetzung beeinflußt? Nat. 66 S. 158—159 1902. A. Heydweiller, Bemerkungen zu den Gewichtsänderungen bei chemischer und physikalischer Umsetzung usw.

M sei die Masse der Erde, u die mittlere fortschreitende Geschwindigkeit ihrer Molekeln oder Atome, M_1 und u_1 dieselben Größen des Körpers, dessen Gewicht wir betrachten. $\frac{p}{\varrho}$ ist der Wert, der den Zustand des Äthers zwischen dem Körper und der Erde kennzeichnet, a ist die Entfernung des Körpers vom Erdmittelpunkt.

Außer M und a ist das Gewicht unseres Körpers also noch von u_1, u und $\frac{p}{\varrho}$ abhängig, und zwar im Verhältnis

$$\frac{p}{\varrho}\left(\sqrt{u}+\sqrt{u_1}\right)^2.$$

Die Atomgeschwindigkeit der Erde können wir für Jahrtausende als konstant betrachten. Sie wird groß sein im Verhältnis zu der des irdischen Körpers, wenn es zutreffend ist, wie man sich allgemeiner vorstellt, daß das Erdinnere, also der größte Teil gasförmig und vollkommen dissoziiert ist.

u_1 dagegen, die mittlere Molekelgeschwindigkeit des Körpers, ist variabel. Sie ist für jeden Körper eine andere und bei den festen und flüssigen Körpern wohl immer sehr viel kleiner als u. Und zwar bei 0° C. noch weit kleiner, als in der Tabelle des § 5 angenommen werden mußte, weil nach unserer Theorie aus Gründen, die wir erst im § 12 entwickeln können, das Molekulargewicht dieser Körper ein sehr hohes, ein gerades Vielfaches des dort angegebenen ist.

Danach könnte man, wenn $\frac{p}{\varrho}$ eine Konstante wäre, aus dem Gewicht eines Körpers gar nicht genau auf seine Masse schließen. Die Masse eines Körpers mit hoher Molekulargeschwindigkeit, z. B. des Wasserstoffs, würde zur Masse eines Körpers mit niederer Molekulargeschwindigkeit, z. B. des Sauerstoffs, nicht genau in demselben Verhältnis stehen, wie die Gewichte gleicher Volumen beider Körper.

Die Molekulargeschwindigkeit der Körper wächst auch mit ihrer Temperatur ungefähr mit der Quadratwurzel aus der Temperatur. Erhöht man die Temperatur um das Vierfache, so müßte nach Gleichung 3) etwa u_1 um das Doppelte zunehmen. In den kritischen Punkten ändert sich u_1 noch schneller, wie wir im

§ 12 sehen werden. Also müßte sich auch mit der Temperatur das Gewicht eines Körpers ändern.

$\frac{p}{\varrho}$ ist aber nicht konstant. $\frac{p}{\varrho}$ bezieht sich auf den Äther zwischen dem Körper und der Erde, nach der Entwicklung nicht beliebig auf den Äther, an irgend einer Stelle dazwischen, auch nicht auf den ganzen Äther dazwischen, wonach dann $\frac{p}{\varrho}$ ein Durchschnittswert wäre, sondern auf den Äther an der Stelle, an der die Interferenz stattfindet, aus der also das entsteht, was wir Schwerkraft nennen. Nun besitzen die Durchschnitts-Erdatome eine sehr große Energie namentlich gegen die Atome der festen Körper. Nach unserer Entwicklung der Gleichung 25) müssen wir deshalb die Interferenzstelle durchschnittlich sehr nahe an dem Körper vermuten, wo, wie wir später sehen werden, um die materiellen Körper, namentlich um dichtere Körper herum, der Äther ganz besonders verdichtet ist.

Unseren Festsetzungen auf Seite 43 gemäß ist p mit der Temperatur des Äthers identisch. ϱ ist der dynamische Atomraum des Äthers. p und ϱ wächst mit der Energie des Äthers und diese mit der Energie des schweren Körpers. Bei den Gasen, auf denen von außen kein besonderer Druck lastet, wie auf den Flüssigkeiten und den festen Körpern, wächst ϱ direkt proportional der kinetischen Energie der Atome. Und da die Temperatur ebenfalls der kinetischen Energie direkt proportional ist, ist ϱ bei den freien Stoffen, den Gasen, annähernd direkt proportional der Temperatur. Mit ϱ wächst aber auch proportional das Volumen, wenn wir das Volumen der Atome selbst ganz vernachlässigen. Denn erhitzen wir z. B. ein permanentes Gas wie Wasserstoff vom Volumen $= 1$ bei konstantem Druck von 0^0 C. auf die vierfache absolute Temperatur, also

$$4 \cdot 273 = 1092, \text{ oder } 1092 - 273 = 819^0 \text{ C.},$$

so hätte ϱ um das Vierfache zugenommen. Ebenso wäre das Volumen das Vierfache geworden. Dividieren wir die Volumenzunahme $= 3$ durch die Temperaturzunahme $= 819^0$ C., so erhalten wir den mittleren Ausdehnungskoeffizienten des Gases

$$\frac{3}{819} = 0{,}00366,$$

durch die Festsetzungen, die wir uns hier vergegenwärtigen, ist man ja erst zur Konstruktion des absoluten Nullpunktes gelangt.

ϱ wächst also, wenn die Temperatur eines Stoffes oder seine Energie erhöht wird, bei manchen Stoffen proportional mit der Temperatur. Wäre der Äther in der Umgebung der Körper an der Interferenzstelle ein solcher freier Stoff, so wäre $\frac{p}{\varrho}$ konstant und damit e mit u_1 veränderlich. Der Äther in der Umgebung der Körper ist aber kein homogener freier Stoff, wie die erwähnten Gase, weil die Körper, namentlich die dichteren festen Körper auch auf den Weltäther durch Interferenzwirkung anziehend wirken, so daß dieser sich um die Körper herum verdichtet. Wir kommen auf diese und andere Komplikationen später besonders zu sprechen. Der Weltäther bildet um die Körper herum Hüllen, deren Dichte von innen nach außen zu schnell abnimmt, worin also ϱ von innen nach außen schnell zunimmt. In dieser Hülle haben wir die Interferenzstelle zu suchen.

Machen wir uns das Verhalten von $\frac{p}{\varrho}$ in der Hülle bei einer Energieerhöhung des Körpers klar.

Gewöhnlich ist p an allen Stellen der Hülle gleich groß. Wird nun dem Körper Energie zugeführt, wird er erhitzt, so wird das p der Interferenzstelle größer, ebenso ϱ, weil der Körper seine Umgebung energieerhöhend beeinflußt. Er verliert ja seine Energie an seine Umgebung. Wir dürfen nun wohl annehmen, daß der Äther derselben Dichte, derselben Schicht in der Hülle sich verhält wie ein permanentes Gas und das der Quotient $\frac{p}{\varrho}$ trotz der Energieerhöhung an der Interferenzstelle wie bei einem permanenten Gase konstant bleibt. Nun ist aber durch die Energiezufuhr auch u_1 erhöht. Damit rückt die Interferenzstelle in der Ätherhülle weiter nach außen, in weniger dichte Teile davon, weiter entfernt vom festen Körper. Denn die Schwingungen der Körpermolekeln vermögen jetzt stärkere Schwingungen der Erdmolekeln zu paralysieren. Damit wird gleichzeitig p kleiner und ϱ größer, oder $\frac{p}{\varrho}$ kleiner, als vor der Energieerhöhung des

Körpers. Damit könnte die Vergrößerung, die e sonst durch die Vergrößerung von u_1 erfahren würde, ausgeglichen werden.

Es ist deshalb wohl möglich, daß der Wert

$$e = \frac{p}{\varrho}\left(\sqrt{u} + \sqrt{u_1}\right)^2$$

konstant bleibt, soweit auch u_1 wächst, weil $\frac{p}{\varrho}$ in entsprechendem Maße kleiner wird.

Ebensogut kann aber auch e mit wachsender Energie des Körpers kleiner oder größer werden, oder bei einem Körper dieses, bei anderen jenes der Fall sein. Damit würde auch das Gewicht eines Körpers mit steigender Temperatur kleiner oder größer werden.

Zur Entscheidung oder Aufhellung dieser Frage hat hier der Versuch einzusetzen.

Wir sehen aber beiläufig, daß zwischen zwei Körpern plötzlich eine Anziehungskraft auftreten kann, auch wenn in ihnen selbst gar nichts vorgeht, nämlich dann, wenn der Äther zwischen ihnen durch irgend eine Kraft beeinflußt wird. Wir kommen bei der Betrachtung elektrischer und magnetischer Vorgänge darauf zurück.

Und noch etwas bemerken wir. Nach unserer Theorie braucht die Anziehungskraft, wie jede andere Energie, Zeit, um sich fortzupflanzen. Praktische Beobachtungen, die dasselbe Resultat ergaben, konnte man sich bisher nicht plausibel machen.

7.

Ist das Gewicht der Körper unabhängig von ihrer Temperatur?

Pendelversuche zur Bestimmung der Erdgestalt.

Wenn das Gewicht der Körper sich wirklich mit ihrer Temperatur ändern würde, so würde diese Tatsache bei eingehender Prüfung nirgends mit den geltenden Anschauungen der modernen Physik kollidieren, vor allem nicht mit dem Prinzip der Erhaltung der Energie. Hat man sich aber erst an den Gedanken gewöhnt, daß die Anziehungskraft oder das Gewicht der Körper eine Folge ihres Energiegehaltes ist, und was könnte wohl naheliegender und plausibler sein, als diese fast greifbar anschauliche Vorstellung von der Schwerkraft, so müßte man Gewichtsänderungen mit Temperaturänderungen geradezu voraussetzen und eine vollkommene Kompensation der Gewichtsänderung durch gleichzeitige Änderung einer andern maßgebenden Größe, als die wir $\frac{p}{\varrho}$ eruierten, käme uns unerwartet. Eine solche totale Kompensation würde übrigens in der Physik nicht vereinzelt dastehen.

Wir wollen nun mit nur einfachen experimentellen Mitteln prüfen, ob wir eine Konstanz des Gewichts feststellen können.

Eine experimentelle Prüfung dieser Frage ist mit sehr großen Schwierigkeiten verknüpft, da sich bei höheren Temperaturen allerlei Nebeneinflüsse auf den Körper geltend machen, die kleine Gewichtsänderung verdecken.

Man kann sich zum Nachweis der Gewichtsänderung oder der Konstanz jeder Vorrichtung bedienen, bei der das Gewicht eines bestimmten Körpers bzw. die Beschleunigung der Schwerkraft, die ja eventuell das Veränderliche ist, eine Rolle spielt; z. B. des Pendels, dessen Schwingungen ja von der Beschleunigung abhängen, und der Wage. Einigermaßen strenge quantitative Ergebnisse wird man wohl nur mit entsprechend komplizierten Apparaten erhalten, etwa mit einer empfindlichen Vakuumwage, bei der man den Körper, den man bei verschiedenen Temperaturen wägen will, von außen, vielleicht elektrisch, erhitzen kann.

Verzichtet man von vornherein auf quantitative Resultate und begnügt sich mit qualitativen, so gelingt es auf folgende einfache Weise, mittels der Wage eine Gewichtskonstanz bei einer Temperaturerhöhung der Körper experimentell unwahrscheinlich oder doch zweifelhaft zu machen. Die Methode hat sich nach vielem Herumexperimentieren als verhältnismäßig zuverlässig erwiesen.

An einer Wiegevorrichtung (Fig. 8), die Gewichtsdifferenzen von 1 mg bequem abzulesen gestattet, kann an der einen Seite eine Schale S zur Aufnahme des Ausgleichsgewichts und an der andern Seite ein langer dünner Eisendraht befestigt werden, an den der Körper *K* gehängt wird, dessen Gewichtsänderungen beobachtet werden sollen. Die Wägevorrichtung, die in den Laboratorien als hydrostatische Wage in Gebrauch zu sein pflegt, genügt diesen Anforderungen.

Befestigt man bei *K* einen stark erhitzten Körper, nachdem die Wage für diesen in kaltem Zustande ausbalanciert ist, so zeigt der Ausschlag der Wage, daß der Körper leichter geworden ist. Der Ausschlag ist kein konstanter, sondern schwankt innerhalb weiterer Grenzen, die vom spezifischen Gewicht und von der

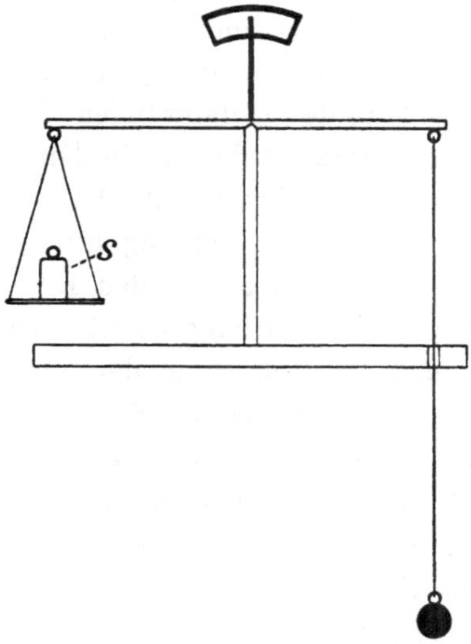

Fig. 8.

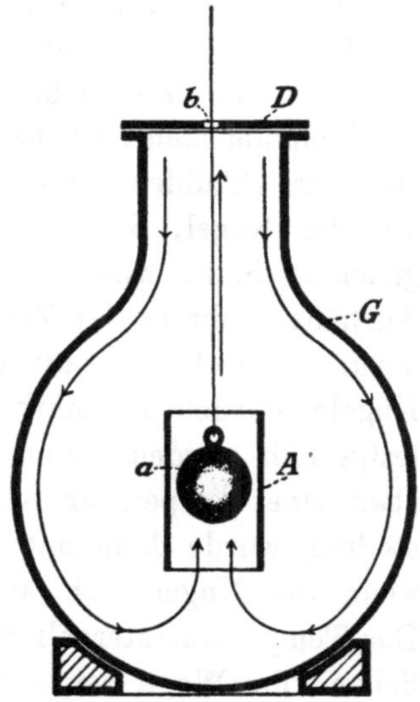

Fig. 9.

Form des Körpers abhängen, hin und her. Das ist auch nicht anders zu erwarten, denn der warme Körper setzt große Luftmassen in Bewegung, die ihn unregelmäßig beeinflussen. Regulieren wir die Bewegung der erwärmten Luftmassen, so müssen wir auch regelmäßige Ausschläge erhalten, mit denen sich etwas anfangen läßt, und gelingt es, den Luftstrom vom Körper überhaupt abzuhalten, so müssen wir ein brauchbares Resultat erhalten.

Um den Einfluß kennen zu lernen, den der aufsteigende Luftstrom auf den Körper ausübt, wenn seine ganze Kraft möglichst auf ihn konzentriert wird, wurde er in der Vorrichtung wie Fig. 9 aufgehängt. In einem Glaskolben *G* war ein Asbestzylinder *A* eingebracht, in dessen Innerm der zu wägende Körper hing. Der Hals des Glaskolbens war oberflächlich verschlossen mit einer Asbestscheibe. Der Aufhängedraht ging durch eine Öffnung in dieser Scheibe.

Als Versuchskörper wurden drei Kugeln benutzt, eine Eisenkugel von 92,647 g Gewicht, eine solche von 57,193 g und eine Aluminiumkugel von 59,312 g Gewicht.

Wurden die Kugeln heiß in den Apparat gebracht, so zirkuliert die Luft in der in Fig. 9 angedeuteten Weise im Gefäß, wovon man sich durch eingeblasenen Zigarrenrauch überzeugen kann. Im Zentrum steigt sie nach oben und an den Gefäßwänden sinkt sie, sich abkühlend, nieder. Dadurch entsteht bei *a* ein Druck auf die Kugel, der einen Teil der Schwerkraft aufhebt. In gleichem Sinne wirkt bei *b* durch die aus der Öffnung für den Aufhängedraht in der Verschlußscheibe *D* zentral um den Draht herum austretende Luft ein Zug auf den Aufhängedraht. Die Kugeln wurden so stark erhitzt, daß der Ausschlag der Wage festgestellt werden konnte, wenn sie rotwarm waren. Sie werden etwa eine Temperatur von 500° C. besessen haben. Die Wagestellung wurde dann mit der verglichen, die die Wage annahm, wenn die Kugel sich auf Zimmertemperatur abgekühlt hatte. Das Temperaturintervall betrug also etwa 500°. Da die Empfindlichkeit der Wage bekannt war, konnte die Gewichtsdifferenz aus den Stellungen ohne weiteres berechnet werden. Die Einrichtung war noch so getroffen, daß die Wage selbst vor Wärmebeeinflussung durch die Kugeln vollkommen geschützt war. Fig. 10 läßt diese Einrichtung erkennen. Die Resultate dieser Beobachtungen waren folgende:

Die größere eiserne Kugel wog durch die Wirkung des regulierten Luftstroms bei *a* und *b* in warmem Zustand 2,50 mg weniger als im abgekühlten Zustande. Die kleinere eiserne Kugel wog ebenso 2,92 mg weniger. Beides sind nicht Durchschnittswerte, sondern wirklich abgelesene. Es ist überhaupt bemerkenswert, daß bei diesen und den folgenden Bestimmungen mit denselben Anordnungen zahlenmäßig stets genau dieselben Resultate

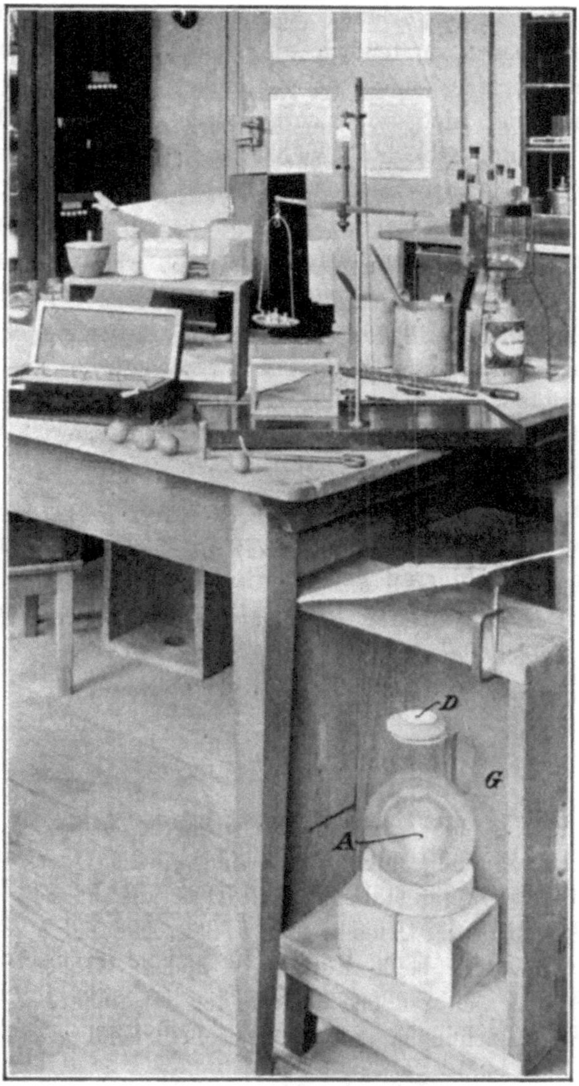

Fig. 10.

erzielt wurden, so oft auch der betreffende Versuch wiederholt wurde.

Wäre das Gewicht eines Körpers unabhängig von der Temperatur stets konstant, so müßten sich überschläglich, wenn wir von dem Zug bei b vorläufig absehen, in unserem Falle die Gewichtsabnahmen verhalten wie die Querschnitte der Körper, wenn wir annehmen, dass die in der Zeiteinheit in Bewegung gesetzten Luftmassen hier nicht von den Körpern oder deren Oberfläche, sondern von der Abkühlungsfläche des Glaskolbens G abhängig sind. Jedenfalls also müßte die Gewichtsabnahme des größeren Körpers größer sein als die des kleineren. Der Unterschied müßte in diesem Sinne noch größer sein, wenn wir annehmen, daß der größere Körper infolge seiner größeren Oberfläche auch größere Luftmengen in der Zeiteinheit in Bewegung setzt.

Dieses Resultat rechtfertigt einen Zweifel in der Konstanz des Gewichts, von der Unabhängigkeit des Gewichts von der Temperatur, und läßt eine Vermehrung des Gewichts mit der Temperatur vermuten.

Lassen wir die Forderung der Konstanz fallen und nehmen wir an, daß sich die Gewichtseinheit des Eisens für das beobachtete Temperaturintervall um den Betrag K verändert, so liefert uns das Resultat unserer Beobachtung zur Bestimmung von K die zwei Gleichungen

$$K G - l q - b = - 2{,}50$$

und

$$K G_1 - l_1 q_1 - b = - 2{,}92,$$

worin G und G_1 die Gewichte des größeren bzw. des kleineren Körpers bei Zimmertemperatur, q und q_1 die Querschnitte der Kugeln, l bzw. l_1 der statische Luftdruck auf die Flächeneinheit des Querschnitts der Kugeln und b den Zug bei b (Fig. 9) bezeichnet. b ist für beide Körper die gleiche Größe. Setzen wir auch aus den weiter oben angegebenen Gründen $l = l_1$, so genügen die Gleichungen zur numerischen Eliminierung von K. Es wird

$$l = l_1 = \frac{K G - b + 2{,}50}{q} = \frac{K G_1 - b + 2{,}92}{q_1},$$

und daraus

$$K = \frac{(2{,}92 - b)\frac{q}{q_1} - (2{,}50 - b)}{G - G_1 \cdot \frac{q}{q_1}}.$$

Als Wert für G bzw. G_1 kennen wir 92,647 mg bzw. 57,193 mg. Demnach verhält sich q zu q_1 wie 1,174 zu 1. Für b finden wir nachher den Wert 0,83 mg. Wir erhalten jetzt

$$K = \frac{0,78366}{25502} = 0,00003,$$

d. h. Eisen wird nach dieser Rechnung um das 1,00003 fache schwerer, wenn es um ca. 500° erhitzt wird.

Wir wiederholen nun den Wägeversuch mit der Abänderung, daß wir den Asbestzylinder unten mit einer Asbestscheibe verschließen. Der aufsteigende Luftstrom (Fig. 11) trifft nun nicht mehr die Kugel, sondern den Asbestzylinder. Von Strömungen im Asbestzylinder selbst müssen wir eine nach oben gerichtete zentrale und eine nach unten gerichtete periphere vermuten. Der Auftrieb, den wir beim ersten Versuch mit a bezeichneten, fällt also praktisch zum größten Teil weg. Nur der Zug bei b bleibt eventuell bestehen.

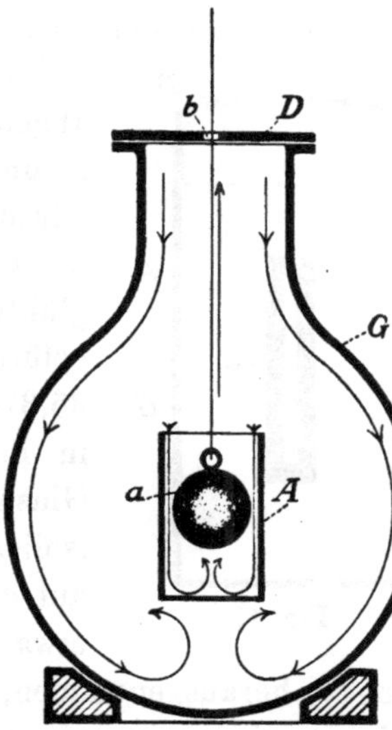

Fig. 11.

Die Resultate dieser Beobachtung sind: Eine Gewichtszunahme 1. der großen eisernen Kugel mit der Erwärmung um dasselbe Temperaturintervall von etwa 500° um 5 mg, 2. der kleineren eisernen Kugel um 2,92 mg, also gleich der Gewichtsabnahme im offenen Asbestzylinder, und 3. der Aluminiumkugel um 7,5 mg.

Betrachten wir gleich die Ergebnisse einer dritten Versuchsreihe, bei der der Asbestzylinder aus dem Glaskolben G herausgenommen wurde, so daß der Zug bei b fortfallen mußte. Es ergaben sich dann Gewichtsvermehrungen durch dieselbe Erwärmung

1. der großen eisernen Kugel um 5,83 mg.
2. der kleinen eisernen Kugel um 3,75 mg.
3. der Aluminiumkugel um 8,33 mg.

Was uns zuerst auffällt, ist der konstante numerische Unterschied von 0,83 mg zwischen den bzw. Resultaten der dritten und zweiten Versuchsreihe, der uns zu dem Schlusse berechtigt, daß wir in der dritten Anordnung tatsächlich nur den Zug bei *b* beseitigt haben und daß dieser = 0,83 mg betragen habe.

Durch diese Versuche haben wir vielleicht doch wahrscheinlich gemacht, daß das Gewicht der Körper sich mit ihrer Temperatur etwas ändern kann.

Eine Konstanz des Gewichts geht wenigstens nicht daraus hervor.

Ähnliche Resultate wie bei den direkten Wägeversuchen, wenigstens von derselben Größenordnung, wurden mit einer Vorrichtung (Fig. 12) erhalten, die auch in Fig. 10 abgebildet ist. Ein Glasgefäß *G*, das vollkommen luftdicht durch den eingeschliffenen Glasdeckel *D* verschlossen werden konnte, war in zweckentsprechender Weise mit ausgeglühter Asbestwolle und Pappe *A* so ausgefüttert, daß sie einen Eisenbolzen *E* von 35,370 g Gewicht bei Zimmertemperatur so in ihrer Mitte aufnahm, daß er gegen die Glaswände des Gefäßes möglichst gleichmäßig isoliert war. Das Gefäß wurde samt Inhalt auf einer Wage einreguliert, das Ganze wog etwa 108 g, dann wurde der Eisenbolzen vorsichtig herausgenommen, stark rotwarm gemacht und möglichst schnell wieder in sein Asbestlager einpraktiziert und das Gefäß luftdicht geschlossen. Nun wurde das Gefäß gewogen und das Gewicht notiert. Die Wägung wurde wiederholt, nachdem das Gefäß, das nach und nach sehr warm wurde, ganz abgekühlt war, was etwa zwei Stunden in Anspruch nahm. Die Gewichtsdifferenz zwischen dem kalten Gefäß mit dem warmen Bolzen und dem kalten Gefäß mit dem kalten Bolzen betrug durchschnittlich 3,5—5 mg. Die Ungenauigkeit liegt darin, daß sich das Gefäß sehr schnell selbst erhitzt. In ca. einer halben Minute nach Einführung des Bolzens begann es warm zu werden und dann war es mit der Feststellung des Gewichts vorbei, denn es

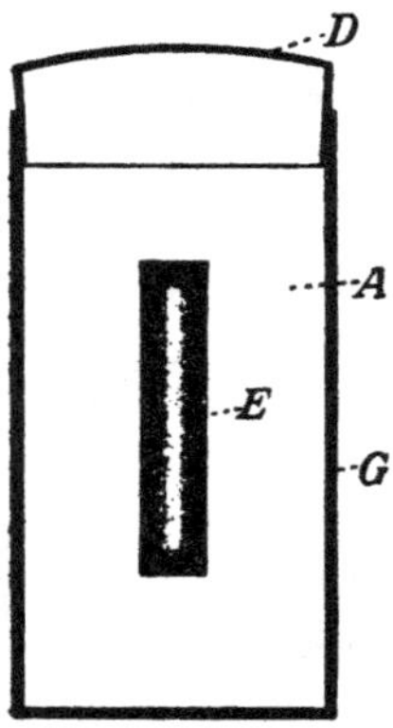

Fig. 12.

wurde zusehends leichter, deshalb konnte auch nur eine Wage von sehr mäßiger Empfindlichkeit verwendet werden. Die verwendete gab für eine Belastung von 12,5 mg nur ein Skalenteil Ausschlag.

Außerdem erwies sich der ausgeglühte Asbest als außerordentlich hygroskopisch. Einige 20 g davon nahmen selbst in einem Exsikkator, der mit frischem Chlorcalcium gefüllt war, in zwei Tagen um etwa 150 mg an Gewicht zu. Nur bei Verwendung von konzentrierter Schwefelsäure als Exsikkationsmittel konnte er wasserfrei gehalten werden. Es ist also immerhin möglich, wenn es auch unbemerkt blieb, daß aus einer Undichtigkeit des Glasdeckels, die vielleicht durch ungleichmäßige Ausdehnung von Gefäß und Deckel entstanden ist, oder weil etwas Asbestwolle in die Dichtungsfläche gekommen war, daß also durch eine Undichtigkeit das Asbest nach außen durch die Wärme etwas Wasser verlor. Auch hierdurch wäre ein Leichterwerden durch die Abkühlung erklärbar.

Es wurden noch mit anderen Gefäßen und Körpern zahlreiche Versuche angestellt. Mehrere luftdicht verschließbare Töpfe wurden voneinander isoliert ineinander geschachtelt. Der Mittelste barg den heißen Körper. Damit wuchs das tote Gewicht immer mehr. Die Resultate hatten alle die gleiche Tendenz. Mehr kann man von ihnen nicht sagen.

Nehmen wir einmal an, die mit den direkten Wägeversuchen gefundenen Gewichtsvermehrungen seien die, die wir erwarten mußten, wenn $\frac{p}{\varrho}$ in unserer Gleichung 26) annähernd konstant bleibt, und prüfen wir dann die Abweichungen der Beträge von den strengen Forderungen der Theorie, um uns mit den möglichen andern Beeinflussungen vertraut zu machen. Dann bemerken wir, ganz im Sinne unserer Theorie, daß sich die Gewichtsvermehrung der großen eisernen Kugel zu der der kleinen ungefähr verhalten wie ihre Gewichte. Sie stehen im Verhältnis von 1,55 zu 1. Die Gewichte beider verhalten sich wie 1,62 zu 1. Die Differenz ist aus den Ungenauigkeiten der Methode genügend plausibel. Dann aber waren beide Kugeln nicht aus vollkommen gleichartigem Eisen, wovon viel abhängt, wie folgende Überlegung zeigt.

Verändert ein Körper überhaupt mit der Temperatur, d. h. mit seinem Wärmegehalt sein Gewicht, so muß auch die Gewichtsänderung eine Funktion der ihm zugeführten Wärmemenge sein. Wenigstens unter annähernd gleichartigen Stoffen. Das verlangt das Gesetz von der Konstanz der Energie. Entziehen wir einem Körper vom Gewicht G die Wärmemenge $Q = c\,t$, wenn c die mittlere spezifische Wärme und t die durch Wärmeentziehung entstandene Temperaturerniedrigung bedeutet, und ist sein Gewicht dabei auf G_1 gesunken, so kann das Gewicht eines andern Körpers nur um den Betrag $(G - G_1)$ wachsen, wenn ihm dieselbe Wärmemenge Q zugeführt wird. Es ist also allgemein

$$\frac{Q}{Q} = 1 = \frac{c\,t}{c_1\,t_1} = \frac{G - G_1}{G_2 - G_3}.$$

Für gleiche Temperaturintervalle hängt demnach die Gewichtsvermehrung direkt von der mittleren spezifischen Wärme des Körpers ab. Sie ist dieser proportional.

War also die kleine eiserne Kugel aus nicht ganz gleichartigem Material oder hatte sie eine andere mittlere spezifische Wärme, so erklärt sich eine Abweichung der Gewichtsvermehrungsverhältnisse vom Verhältnis der Gewichte zum Teil auch aus diesem Umstande.

Dann waren die Eisenkugeln nach jedem Erhitzungsprozeß augenfällig stark oxydiert. Die Oxydation fand im wesentlichen nur in der Zeit statt, in der die Kugel hoch erhitzt war. Aus diesem Grunde oxydiert die größere Kugel mehr als die kleinere. Außerdem hat sie die 1,177fache Oberfläche der kleineren. Deshalb beeinflußt die Oxydation die Resultate im vermindernden Sinne, und zwar bei der größeren Kugel mehr als bei der kleineren. Auch hierdurch ließe sich das von 1,62 entschieden beobachtete Verhältnis der Gewichtszunahme ableiten.

Berücksichtigen wir die Oxydation, so hätten wir zu den gefundenen Werten für Eisen noch einen gewissen Betrag hinzuzurechnen, der aber numerisch schwer bestimmbar ist. Nehmen wir aber an, daß unsere Werte im allgemeinen stimmen, so können wir die Wirkung der Oxydation durch Vergleichung ihrer Gewichtsvermehrung mit der der Aluminiumkugel abschätzen.

Eine gewisse Menge Aluminium muß für ein gleiches Temperaturintervall nach den Ausführungen auf S. 64 die $\frac{0,2122}{0,1124}$ fache Gewichtserhöhung erkennen lassen als eine gleiche Menge Eisen, nach Maßgabe des Verhältnisses ihrer mittleren spezifischen Wärmen. Dabei ist vorausgesetzt, daß 0,2122 wirklich die mittlere spezifische Wärme des Aluminiums für weitere Temperaturgrenzen ist, wie man angegeben findet, und 0,1124 die für Schweißeisen, aus dem die eisernen Kugeln hergestellt waren. Das Verhältnis beträgt = 1,89. Nun betrug die Gewichtserhöhung für 59,312 g Aluminium für etwa 500° C. 8,33 mg, die für 92,647 g Eisen 5,83 mg und die für 57,193 g Eisen 3,75 mg. Das Verhältnis der Gewichtserhöhungen der Aluminiumkugel zur größeren Eisenkugel, auf die Gewichtseinheit reduziert, beträgt

$$\frac{8,33}{5,83} \cdot \frac{92,647}{59,312} = 2,24 .$$

Dasselbe zur kleineren wäre

$$\frac{8,33}{3,75} \cdot \frac{57,193}{59,312} = 2,14 .$$

Das Verhältnis ist also beidemal zu groß, oder was dasselbe ist, die Gewichtsvermehrungen des Eisens sind zu klein, weil sie durch die Oxydation im Laufe der Abkühlung an Gewicht zugenommen haben. Aluminium oxydiert ja nicht merklich an der Luft, auch nicht in glühendem Zustande. Sehen wir nun die Bestimmung für Aluminium als korrekt an, so finden wir die wirkliche Gewichtserhöhung des Eisens, wenn wir die gefundenen und auf die Gewichtseinheit reduzierte Gewichtserhöhung des Aluminiums durch das Verhältnis der spezifischen Wärme des Aluminiums zum Eisen, also durch 1,89 dividieren. Wir finden dann für die größere Kugel eine Gewichtserhöhung von

$$\frac{8,33}{1,89} \cdot \frac{92,647}{59,312} = 6,89 \text{ mg} = (5,83 + 1,06) \text{ mg}$$

und für die kleinere

$$\frac{8,33}{1,89} \cdot \frac{57,193}{59,312} = 4,25 \text{ mg} = (3,75 + 0,50) \text{ mg} .$$

Die Beträge 1,06 mg und 0,5 mg wären für die Wirkung der Oxydation zu beanspruchen. Sie stimmen mit der Tatsache überein, daß bei der größeren Kugel sowohl eine größere Fläche oxydiert, als auch, daß die Kugel durch eine längere Zeit oxydiert.

Die neuen Gewichtsvermehrungen des Eisens der größeren und kleineren Kugel stehen natürlich im Verhältnis 1,62 zu 1.

Lassen wir diese Werte gelten, so erhalten wir als Gewichtsvermehrung für die Gewichtseinheit

	für 500°	für 1°
des Eisens . .	0,0000744	0,00000015
des Aluminiums	0,0001405	0,0000003

Es fragt sich nun, ob wir mit einiger Wahrscheinlichkeit den ganzen Betrag der gefundenen Gewichtsvermehrungen auf das Konto der Temperaturerhöhung im Sinne unserer Theorie setzen dürfen oder ob sich noch andere Einflüsse geltend machen, die auch gewichtsvermehrend wirken, mit unserer Theorie aber nichts zu tun haben.

Man kann gegen die Inanspruchnahme der Erscheinung für eine Gewichtsvermehrung infolge einer Vergrößerung der Fluggeschwindigkeit der Moleküle geltend machen, daß der Körper in erhitztem Zustande in einer dünneren Atmosphäre hängt und daß er dadurch schwerer wird. Rechnerisch läßt sich der Einwand schlecht fassen, denn man kennt den Grad der Verdünnung der Luft in unmittelbarer Nähe der Kugel nicht. Je größer die Verdünnung ist, desto größer wird aber auch ihre Bewegung nach oben sein und damit ihre erleichternde Wirkung in bezug auf das Gewicht der Kugel. Wir haben bei dem ersten Versuch gesehen, wie große Werke die Wirkung annehmen kann, und daß sie wohl imstande ist, die erschwerende Wirkung der Verdünnungen nicht nur zu paralysieren, denn auch bei dem ersten Versuch hängt die Kugel in demselben erhitzten und somit luftverdünnten Raum, wie bei den übrigen. Die Gewichte wurden nicht bestimmt, während die Wage noch pendelte, sondern erst nachdem die Nadel zur Ruhe gekommen war. Unmittelbar um die Kugel war also die Luft hoch erhitzt und sehr verdünnt. Die Kugel mußte also infolgedessen relativ nicht unbedeutend schwerer geworden sein. Und doch wurde sie durch die Strömung der

Atmosphäre leichter. Die Strömung ist auch im unten geschlossenen Asbestzylinder vorhanden, wenn auch in abgeschwächtem Maße.

Wenn wir annehmen, daß der erhitzte Körper in der erhitzten Luft so viel an Gewicht zunehmen muß, als dem verminderten Auftrieb der Luft entspricht, müssen wir folgende Resultate erwarten. Wir setzen dann voraus, daß die leichtere Luft durch ihre mehr oder minder heftige Bewegung nach oben die erschwerende Wirkung ihrer verminderten Dichtigkeit nicht wieder aufhebt.

Es erübrigt sich, die Vorgänge in exakter Rechnung fassen zu wollen. Wir müssen uns auf mehr oder weniger berechtigte willkürliche Festsetzungen beschränken.

Hat sich etwa die Luft um den Körper durch seine Wärmewirkung so verdünnt, daß nach Abzug der paralysierenden Wirkung der Luftströmung nach oben eine wirksame Dichteabnahme auf drei Viertel der Normaldichte übrig bleibt, was einer in diesem Sinne wirksamen Temperaturerhöhung der Luft auf etwa 100° C. entsprechen würde, so müßte der Körper in erhitztem Zustande nach bekannten Relationen um

$$\frac{G}{s} \cdot 0{,}3 \text{ mg}$$

schwerer sein, wenn G sein Gewicht in kaltem Zustande, s sein spezifisches Gewicht und 0,3 das Gewicht eines Kubikmeters Luft in Milligramm von einem Viertel der normalen Dichte ist. Das gibt für die größere Eisenkugel 3,56 mg, kleinere Eisenkugel 2,20 mg, Aluminiumkugel 6,82 mg, wenn das spezifische Gewicht des Eisens 7,8, das des Aluminiums 2,6 ist.

Damit wäre unsere Gewichtserhöhung durch die Energievermehrung der Molekeln zum Teil verschwunden.

Es ist aber immerhin möglich, daß eine Gewichtserhöhung auf Konto der Energieerhöhung übrig bleibt, nur können wir sie mit so einfachen Mitteln nicht ganz einwandfrei bestimmen.

Wie schon eingangs erwähnt, hat die Annahme, daß sich das Gewicht mit der Temperatur erhöht, durch ihre plausible Anschaulichkeit etwas sehr Bestechendes, und es wäre einerseits sehr interessant, wenn man den Vorgang experimentell feststellen könnte. Durch unsere Versuche ist die Frage nicht geklärt, sie hatten auch mehr den Zweck, die Schwierigkeiten erkennen zu lassen, die Wägungen bei höherer Temperatur komplizieren.

Nach unserer Gleichung 26) kann, da $\frac{p}{\varrho}$ eine sehr veränderliche Größe ist, die Gewichtszunahme so klein sein, daß sie auch durch feinere Wägeinstrumente nicht direkt gefunden werden kann. Durch die Veränderungen von $\frac{p}{\varrho}$ können die Gewichtsänderungen auch ganz paralysiert werden und endlich wäre auch eine Gewichtsverminderung mit einer Temperaturerhöhung nicht ausgeschlossen.

Jedenfalls ist Vorsicht bei Molekulargewichtsbestimmungen usw. geboten, weil in diesem Falle das Gewicht eines Körpers nicht genau von seiner Masse abhängt. Wir haben den Umstand am Schluß des vorigen Paragraphen erwähnt.

Nach unserer Gleichung 26) kann nicht nur eine von den drei Möglichkeiten zutreffen, sondern alle drei zugleich, derart, daß bei einem Körper das Gewicht mit der Temperatur zunimmt, beim andern abnimmt, beim dritten konstant bleibt. Wahrscheinlich ist wohl aber nur das eine oder das andere.

Noch eine Bemerkung wollen wir bei dieser Gelegenheit machen.

Man hat versucht, durch Bestimmungen der Änderungen des numerischen Wertes der Schwerkraft an der Erdoberfläche mittels des Pendels das Verhältnis der kleinen und großen Achse der Erdmeridianellipse zu bestimmen. Das durch Längenmessung bestimmte Verhältnis der Achsen der Erde als Rotationsellipsoid ist bekanntlich nach Bessel $= \frac{1}{299}$, nach Clarke $= \frac{1}{293}$. Das Mittel aus den weit voneinander abweichenden Werten aus Pendelmessungen ist $= \frac{1}{283}$. Hierzu können wir im Sinne unserer Theorie bemerken, daß es für den numerischen Wert der Schwerkraft, den ein Pendel an einer Stelle der Erde indiziert, von mitbestimmendem Einfluß ist, welcher Art in bezug auf das Molekulargewicht die dem Pendel zunächst gelegenen Schichten der Erde sind, da diese nach unserer Entwicklung wegen ihrer Nähe von Bedeutung für den Wert der Schwerkraft sind. Es wird nicht gleichgültig sein, ob sich das Pendel z. B. über eine einige tausend Meter dicke Schicht Wasser etwa auf dem Eismeer mit verhältnismäßig hohem u oder etwa in den Äquatorgegenden über eine mehr oder weniger dicke Erdkruste mit niederem u befindet. Beachtet man diese Nebenumstände nicht, so muß nach unserer Theorie das Resultat so unzuverlässig sein, wie es in der Tat ist.

8.

Potentielle und kinetische Energie.

Der Aggregatzustand. Attraktionskraft und Repulsionskraft. Die Gesamtenergie Q. Die Konstitution der Materie. Die Entropie.

Es würde uns zu weit von unserem Thema abführen, wollten wir uns hier eingehender mit den interessanten Konsequenzen der Gleichung 26) befassen. Wir werden seinerzeit auf sie zurückgreifen. Uns genügt es hier, durch sie das Postulat einer besonderen geheimnisvollen Anziehungskraft überflüssig gemacht zu haben. Wir sehen, daß es Anziehungskraft als solche überhaupt nicht zu geben braucht, daß Anziehungskraft vielmehr nur eine Nebenerscheinung zwischen zwei energiebegabten voneinander getrennten Molekeln ist. Wie wir damit auch die speziellen Anziehungserscheinungen der chemischen Affinität, des Magnetismus und der Elektrizität fassen können, werden wir später sehen.

Jeder Körper im Weltenraum sendet unsere Niveausphären aus, er strahlt ihm eigentümliche Schwingungen aus, die unserem Auge und Ohr selbst merkbar werden, wenn $\frac{u}{\lambda}$ einen gewissen Wert erreicht hat. Alle die Sphären oder Strahlen haben Anziehungserscheinungen im Gefolge.

Die Niveausphären brauchen zu ihrer Ausbreitung Zeit, folglich auch die Anziehungskraft zu ihrer Fortpflanzung. Die Fortpflanzungsgeschwindigkeit der Anziehungskraft wird eine Funktion der Fluggeschwindigkeit des Äthers sein.

Gewöhnlich stehen die Körper, die einesteils die Ursache der Anziehungserscheinung sind, miteinander im Kräftegleichgewicht, weil der Zustand des Äthers annähernd konstant bleibt.

Aber der Zustand des Äthers, von dem ja anderenteils der Wert der Anziehungskraft abhängt, kann sich zwischen zwei Körpern plötzlich ändern, dann erhalten wir Sonderanziehungskräfte und Störungen des Kräftegleichgewichts. Nach außen kann die Störung sowohl als Anziehungskraft als Abstoßungskraft in Erscheinung treten, je nachdem die Störung als plötzliche Verminderung oder Vermehrung der Anziehungskraft eines Körpers zu einem andern eintritt. Solche Erscheinungen sind in den Spezialgebieten der Elektrizität und des Magnetismus häufig und augenfällig.

Auch den Druck, den nach Untersuchungen von Lebedew die Lichtstrahlen und andere auf bestrahlte Körper ausüben sollen, müssen wir nach unseren Gleichungen nur erwarten. Aber auch die mehr oder minder zweifelhaften Resultate dieser Untersuchungen; denn der Druck ist wohl vorhanden, kann aber nach unseren Gleichungen in bezug auf die Richtung der Strahlen bald positiv bald negativ sein, je nach den Energieverhältnissen der mitbestrahlten Umgebung des bestrahlten Körpers.

Ehe wir uns mit den Erscheinungsformen dieser Vorgänge im einzelnen befassen, wollen wir das Verhalten unserer Komplexe M und M_1 noch weiter verfolgen.

Wir haben festgestellt, daß sie sich aufeinander zu bewegen müssen. Die Ursache war die in einer Richtung paralysierte Reaktionskraft der Schwingungssphären, die im Äther durch die vom Äther verschiedene Schwingungsgeschwindigkeit der Molekeln entstehen. Durch die Annäherung wird eine Arbeit geleistet. Wir haben weiter oben gesehen, daß die Molekeln durch die Äthermasse in gleichmäßiger Bewegung erhalten werden müssen; auf Kosten der Energie der Molekeln kann also diese Arbeit nicht geleistet werden. Durch dieselben Vorgänge sind die Schwingungssphären als ein Gleichgewichtszustand der Äthermasse bedingt. Wird das Gleichgewicht durch die Interferenz gestört, wird es vom Äther aus sich heraus, wie wir weiter oben gesehen haben, wiederhergestellt. Der Äther ist es also, der die Arbeit leistet. Entsprechend der kinetischen Energie, die den Komplexen erteilt wird, muß sich dabei das Volumen der Gesamtäthermasse verringern, oder, was dasselbe ist, die kinetische Energie der Ätheratome.

Die Arbeit, die durch die Bewegung der Komplexe geleistet wird, berechnet sich, alle Werte bis auf a als konstant angenommen, nach Gleichung 26) auf den Betrag

$$\alpha) \qquad m \cdot m_1\, e \int \frac{d\,a}{(a + (n + n_1)\,\varrho)^2}\,.$$

Wir haben das Molekül mit seinem Raum als ein Ganzes, als eine Masse mit der Dichte $\frac{m}{r}$ anzusehen. Die Komplexe bzw. die Körper werden sich dann höchstens nur bis zum Zusammenstoß ihrer Molekularräume, wenn man sich so ausdrücken darf, einander nähern. Ihre Entfernung nimmt dann ab von $a + (n + n_1)\varrho$ auf $(n + n_1)\,\varrho$.

In diesen Grenzen integriert gibt α)

$$27) \qquad e \cdot m \cdot m_1 \cdot \left(\frac{1}{(n + n_1)\,\varrho} - \frac{1}{a + (n + n_1)\,\varrho}\right).$$

Der Ausdruck 27) ist auch das Maß der potentiellen Energie von M in bezug auf M_1 und umgekehrt.

Es ist möglich den Vorgang der Entstehung der Anziehungskraft, der potentiellen Energie, experimentell zu veranschaulichen. In der Vorrichtung (Fig. 13) geschieht dies in grobsinnlicher Weise durch Luftschwingungen. In einer Schale schwimmen leichtbeweglich die aufeinander abgestimmten Stimmgabeln 1 und 2. Eine dritte Stimmgabel 3, mit der gleichen Schwingungszahl, kann durch einen Elektromagneten kräftig in Schwingungen versetzt werden. Das Ganze befindet sich zweckmäßig unter einer Glasglocke. Ist 3 in Ruhe, so verharren auch 1 und 2 auf ihrem Platze, falls sie nicht, was mitunter vorkommt, etwas magnetisch sind. Beginnt aber 3 zu tönen und geraten 1 und 2 durch Resonanz in Mitschwingungen, so nähern sich 1 und 2 und stoßen endlich aneinander.

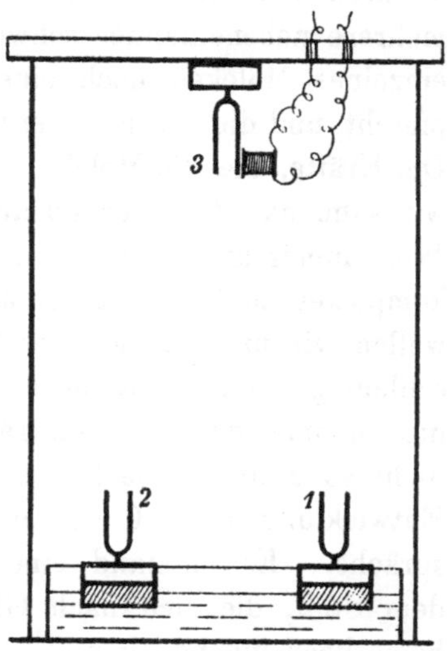

Fig. 13.

In unserer Entwicklung fortfahrend, kehren wir zu unseren Massen M und M_1 zurück.

Solange unsere Molekelkomplexe sich in Bewegung befinden, herrscht in der Äthermasse als Ganzes Gleichgewicht. Sobald die Komplexe zusammenstoßen, hört ihre fortschreitende Bewegung auf und die Energiemenge, deren Ausdruck 27) ist, wird sich in Schwingungsenergie umsetzen, die die bereits davon vorhandene erhöht. Wir haben früher gesehen, als wir es nur mit einem einzelnen Molekel zu tun hatten, daß einer erhöhten Schwingungsenergie eines Molekels auch ein vergrößerter Molekularraum entspricht, beide änderten sich proportional, so daß eine Temperaturerhöhung nach Gleichung 3) nicht zustande kommen kann.

Anders ist aber die Sache, sobald mehrere Molekeln oder Atome mit einer Masse, die größer als die der Ätheratome ist, beieinander schwingen. Erstens besitzen die Molekeln ein größeres Bewegungsmoment als die Ätheratome bei derselben mittleren Geschwindigkeit und können infolgedessen auch ein größeres Bewegungsmoment gleichartiger Molekeln durch Stoß paralysieren, dadurch bekommt λ einen neuen Wert; dann aber wirkt auf mehrere nebeneinander schwingende Molekeln, wie auch auf ein einzelnes Molekel, noch eine andere Kraft, die sie zusammenpfercht, und die wir schon erwähnten, aber bisher vernachlässigten. Die Kräfte, die die Moleküle zusammenführen, bleiben auch noch wirksam, nachdem der Zusammenstoß erfolgt ist. Der Äther des Weltraumes unterliegt ebenfalls der Anziehungskraft des Molekelkomplexes und drückt konzentrisch auf ihn. Mit dieser Kraft wollen wir uns sogleich beschäftigen. Das Resultat ist eine beschleunigte Bewegung in einem Raum, der zwar größer ist als die Summe der Molekularräume vor dem Zusammenstoß, aber nicht so groß, als nach unseren vereinfachten Annahmen unserer Entwicklung im § 6 der neuen Geschwindigkeit eigentlich entspräche. Es entstand eine erhöhte Schwingungsfrequenz nach dem Stoß, die sich nach Gleichung 3) als Temperaturerhöhung bemerkbar machen kann.

Es hat sich hier in unserer Entwicklung zum ersten Male das gebildet, was wir Wärme nennen. An den Massen M und M_1 können wir weiter folgendes beobachten.

Da die Kräfte, die die Molekeln zusammenhalten, auch unter ihnen selbst tätig sind, denn auch in der Molekelmasse werden sich Schwingungssphären bilden, sondern sich Molekeln gleicher Anziehungskraft aus dem Schwarm aus. Die Molekeln scheiden sich aus dem Äther aus und grenzen sich gegen ihn ab. Unter Molekeln wollen wir uns vorläufig nur Atome mit einer andern Gesamtmasse als die der Ätheratome vorstellen.

In welchen Formen sie sich durch die aus dem freien Äther auftretenden Sonderkräfte gegeneinander abgrenzen, werden wir später untersuchen, wenn wir uns mit den Lösungen und chemischen Reaktionen beschäftigen.

Gleichartige Schwärme werden sich nach ihrer Anziehungskraft ordnen, die wärmeren Molekeln als Kern, die kälteren konzentrisch um die wärmeren mit höherer Anziehungskraft herum.

Es entstehen also Sonderschwärme mit gleichartiger Zusammensetzung. Von Ausnahmen, die durch besondere wechselseitige Energieverhältnisse bedingt sind, sehen wir hier noch ganz ab und gehen erst in § 11 und 12 darauf ein.

Wir wollen uns jetzt die Sonderschwärme näher betrachten, um das an ihnen zu erkennen, was man den Aggregatzustand des Sonderschwarmes oder, was dasselbe ist, des einheitlichen Körpers nennt.

Die Bestandteile eines Körpers, seine Molekeln, werden durch Kräfte, die in Gleichung 26) und 27) enthalten sind, mehr oder weniger fest zusammengehalten oder zunächst wenigstens zusammengeführt. Durch ihre Eigenbewegung, ihre kinetische Energie, streben sie auseinander. Durch die letztere Kraft, durch die Repulsionskraft, wirken sie der zusammenhaltenden Kraft, der Attraktionskraft entgegen. Die algebraische Summe beider Kräfte oder ihr Aggregat kennzeichnet den Zustand, der nach außen als Aggregatzustand in Erscheinung tritt. Nennen wir die kennzeichnende Größe Z, die Repulsionskraft oder Fliehkraft F, und die Attraktionskraft A, so können wir schreiben

28) $$Z = A - F.$$

A ist größer als F, solange der Körper fest oder flüssig ist. Im nächsten Abschnitt wollen wir uns mit Z als Verhältnis von A zu F beschäftigen. Hier wollen wir versuchen, eine mathematische Vorstellung von A und F zu gewinnen.

Die Molekeln strömen zunächst aus dem Äther zusammen. Wir nehmen an, es seien gleichartige Molekeln, es sei $M = M_1$ und $n = n_1$.

Wir haben dann als Anziehungskraft nach Gleichung 26), wenn die Molekularräume sich berühren, also $a = 0$ ist, die Masse $M = Nm$ gesetzt

$$\alpha) \qquad N^2 \cdot m^2 \cdot 4\frac{p}{\varrho} \cdot u \frac{1}{\lambda^2}.$$

Stoßen eine große Anzahl Mole aneinander, so bezieht sich p und ϱ nicht mehr auf den Äther, sondern auf die Mole selbst. Wir finden auf S. 43

$$p = \frac{m_A u^2}{N \cdot 2 \cdot \varrho},$$

worin m_A zu m und ϱ zu $\frac{\lambda}{2}$ und u zur Fluggeschwindigkeit der Mole wird.

Sobald die Mole mit ihren Molekularräumen zusammenstoßen, befinden sie sich gegenseitig im stabilen Gleichgewicht. Sie nähern sich nicht weiter. λ kann unter Umständen, wenn M und M_1 zwei einzelne Mole sind, einen andern Wert erhalten, auch durch den Stoß wird λ beeinflußt. Diese Nebenumstände brauchen wir hier nicht zu beachten. Wir verstehen unter λ eine Mittelwellenlänge des Molekelkomplexes.

Im Ausdruck α) haben wir deshalb nicht nur ein Maß der molekularen Anziehungskraft an sich, sondern auch der Repulsionskraft F. Wir setzen deshalb

$$29) \qquad F = 8N \frac{m^3 u^3}{\lambda^4}.$$

Nun übt unser Körper aber auch noch auf andere Körper und auf die ihn umgebenden Ätheratome des Weltalls eine anziehende Wirkung aus. Wir brauchen hier nur die Wirkung auf den Äther zu berücksichtigen.

Der Äther hinwiederum zieht die Molekeln der Körpers an. Da er diese aber gleichmäßig umgibt, hebt sich die Wirkung selbst auf.

Der Äther wird gleichmäßig von allen Seiten auf einen Körper drücken, wenn er ihn so umgibt. Das wollen wir voraussetzen.

Dieser Druck repräsentiert die Attraktionskraft A, die wir nun ermitteln wollen.

In Fig. 14 ist die Lage des Körpers K im mit Äther gefüllten Weltenraum W dargestellt. Da wir für den Weltenraum irgend eine Form annehmen müssen, so denken wir uns ihn kugelförmig, was wir um so eher tun können, als wir keine exakte Rechnung durchführen wollen, sondern nur einen mathematischen Ausdruck zur Unterstützung unserer Vorstellungsweise suchen.

Wir schneiden in Fig. 14 aus der Weltkugel mit dem Abstand a normal zur Mitte von K, zu ihrem Zentrum, eine zylindrische Scheibe von der Stärke da heraus, deren Radius BD ist. In der Scheibe mögen die Radien BD und BC den unendlich kleinen Winkel φ einschließen. Beschreibt man mit den Radien $Bx = x$ und $x + dx$ von B aus zwei Kreise, so liegt zwischen diesen Kreisen und den Radien BD und BC eine unendlich kleine Fläche, die als Rechteck eines Parallelepipedons gelten kann. Der Inhalt des Flächen. elements ist $\varphi x\,dx$. Enthält die Flächeneinheit N_1 Atome, so enthält das Flächenelement $N_1 \varphi x\,dx$ davon, deren Abstand von der Mitte von K ist $\sqrt{a^2 + x^2}$. Wenn wir die Wellenlängen nicht berücksichtigen und die Anziehung des Flächenelements und K nach Gleichung 25) bestimmen, wenn $K\,N$ Molekeln mit der Masse m enthält und die Masse der Ätheratome m_1 ist

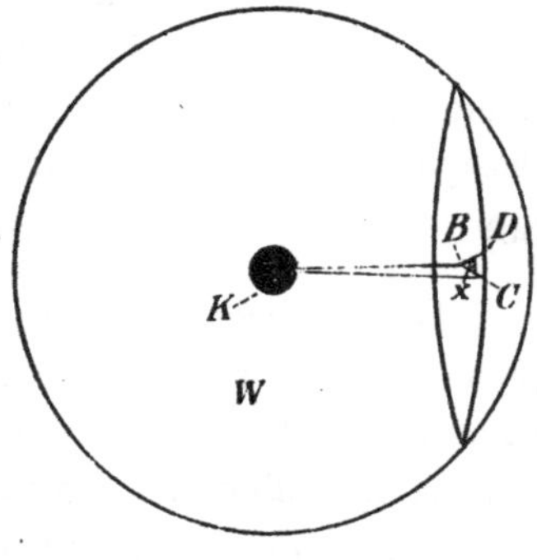

Fig. 14.

$$e \cdot Nm \cdot N_1\, m_1 \cdot \frac{\varphi\, x\, dx}{a^2 + x^2}.$$

Die Komponente dieser Kraft parallel zur Achse KB wird

$$e \cdot N \cdot m \cdot N_1 \cdot m_1 \cdot \frac{\varphi\, x\, d\, x}{a^2 + x^2} \cdot \sin K x B = e \cdot N m \cdot N_1\, m_1 \cdot \frac{a \cdot \varphi \cdot x \cdot d\, x}{(a^2 + x^2)^{3/2}}.$$

Dehnt man hierin den Bogen φ zu 2π aus, so erhält man als Anziehungskraft der Ringfläche mit dem Radius x und $x + d\,x$ und K

$$e \cdot 2 \cdot \pi \cdot N m \cdot N_1\, m_1 \frac{a\, x\, d\, x}{(a^2 + x^2)^{3/2}}.$$

Integriert man den Ausdruck zwischen den Grenzen Null und dem größten Radius D, so kommt

$$e \cdot 2 \cdot \pi \cdot N m \cdot N_1\, m_1 \left(1 - \frac{a}{\sqrt{a^2 + D^2}}\right).$$

Die Stärke der Scheibe war $d\,a$. Führen wir $d\,a$ in die Gleichung ein und beachten, daß $(a^2 + D^2) = R^2$ wird, wenn R der Radius der Weltkugel ist, so können wir schreiben

$$\alpha) \qquad e \cdot 2\pi \cdot N m \cdot N_1\, m_1 \left(1 - \frac{a}{R}\right) d\,a.$$

a ist von Null bis R zu integrieren. Wir erhalten dann den halben Druck auf K, der also noch mit 2 zu multiplizieren ist. Es wird demnach der Druck auf K, dessen Volumen wir ganz vernachlässigen, oder die Attraktionskraft A

$$30) \qquad A = 2\pi \cdot e \cdot N m \cdot N_1\, m_1 \cdot R.$$

Die Differenz $Z = A - F$, der Attraktionskraft und der Repulsionskraft wird diejenige Kraft sein, die die Molekeln zusammenpfercht und ihrem Konglomerat die Konsistenz verleiht, die nach außen als Aggregatzustand in Erscheinung tritt. Es wird nach Gleichung 29) und 30)

$$\alpha) \left\{ \begin{aligned} Z &= 2\pi \cdot e \cdot N m \cdot N_1\, m \cdot R - 8 N \cdot \frac{m^3 u^3}{\lambda^4} \\ &= M\left((2\pi \cdot e \cdot R \cdot m_A) - 8 m^2 \frac{u^3}{\lambda^4}\right), \end{aligned} \right.$$

worin M die Masse des Körpers ist, dessen Aggregatzustand wir ausdrücken, und m_A die der Volumeneinheit des Äthers ist, der auf ihn drückt.

Der ganze Äther hat die Masse, wenn wir von den Weltkörpern absehen

$$M_A = \tfrac{4}{3}\pi \cdot R^3 \cdot m_A\,,$$

folglich wird α), wenn wir die ganze Äthermasse M einführen

31) $$Z = M\left(e \cdot \tfrac{3}{2}\frac{M_A}{R^2} - 8u^3\left(\frac{m}{\lambda^2}\right)^2\right).$$

Weil wir die Interferenzstellen, in denen die Schwingungen des Äthers und des Körpers im Mittel interferieren, hier wohl nicht nur nahe am Körper, sondern auch draußen im Weltenraum zu suchen haben, wo die Fluggeschwindigkeit der Atheratome niedrig und unabhängig von der der Körpermolekeln ist, wird sich A mit e, bzw. der Fluggeschwindigkeit der Körpermolekeln schnell ändern, da hier nicht durch gleichzeitige Änderung von $\frac{p}{\varrho}$ eine ausgleichende Wirkung zu erwarten ist.

Die Gesamtenergie Q haben wir auf Seite 37 geschrieben

$$Q = \big((E_F + E_d) + A\big) + P_m(v - v_d) + \text{a}.$$

Hierin ist P_m ein Mittelwert aus dem größten P bei der tiefsten Temperatur τ und dem jeweiligen P der Temperatur, bei der Q bestimmt werden soll. Die jeweiligen Werte von P sind mit unserem Z identisch. Wir können für P_m bei der Temperatur t auch

$$\int\limits_{Z_d}^{Z_t} dZ$$

setzen.

Danach wird Q, wenn wir für A seinen Wert aus 30) und 31) einführen

$$Q = M\left(\frac{u^2}{2} + \frac{u_1^{\,2}}{5} + e\,\frac{3}{2}\,\frac{M_A}{R^2}\right) + \int\limits_{Z_d}^{Z_t} dZ\,(v - v_d) + \text{a}.$$

Wir sehen beiläufig aus 29), 30) und 31), daß bei einer Vergrößerung der Fluggeschwindigkeit der Molekeln eines Körpers nicht nur die kinetische Energie der Mole erhöht wird, sondern daß auch noch dadurch eine Arbeit geleistet wird, daß die Attraktionskraft vergrößert wird, die mit u wächst. Wir haben diese Arbeit im § 4 schon erwähnt und A genannt.

Im § 9 wollen wir uns wieder mit Z näher befassen. Wir müssen hier nun auf andere Eigentümlichkeiten der Sonderschwärme eingehen.

Die Eigenart der Sonderschwärme oder einheitlichen Körper ist ihre Schwingungsfrequenz und das Bewegungsmoment der Molekeln bei einer gewissen Mitteltemperatur, wodurch sie nach außen besondere Eigenschaften bekommen, die die Natur des Molekelschwarms im chemischen Sinne ausmacht.

Es entsteht nun zunächst die Frage, wodurch ein Molekelschwarm oder ein Körper in seinen Eigenschaften konstant bleiben muß, wenn er sich selbst überlassen bleibt, und nur das Bewegungsmoment und die Schwingungsfrequenz seiner Bestandteile seine Eigenschaften charakterisiert; weshalb seine Molekeln nicht fortlaufend ihre Zusammensetzung ändern, die ja nach unserer bisherigen Annahme aus diskreten Ätheratomen bestehen, aber jedes festen Zusammenhangs entbehren. Wir haben gesehen, wie ein Molekelschwarm einen festen Zusammenhalt erhalten kann und muß, aber wie wir die Sache auch betrachten mögen, wir werden keine regulierende plausible Ursache, keine Kraft finden, die eine konstante Zusammensetzung der Molekeln gewährleistet, auch wenn der Energiegehalt des Schwarmes ungeändert bleibt.

Naheliegend wäre es, wenn wir kurzer Hand den Molekelbegriff der modernen Chemie, nach dem sich verschiedenartige Atome zu einem Molekül fest zusammenlagern, überhaupt fallen ließen und mit dem Namen Molekel eine Schar diskreter Ätheratome bezeichnen, die zusammen die Masse des hypothetischen Molekels besitzen und zusammen in dem Molekulraum dieses Moleküls, als Massenmaß genommen, vollkommen diskret mit seiner, des Molekels mittleren fortschreitenden Geschwindigkeit schwingen.

Die molekulare Atomgruppe wäre also die des Moleküls, das wir an deren Stelle setzen können. Diese Atomgruppe repräsentiert eine gewisse Energiemenge, die des Moleküls, und nur diese Energiemenge ist es, wie uns unsere chemischen Untersuchungen lehren werden, die die molekulare Atomgruppe zu einer Einheit, einem Molekül stempelt. Denn ein Molekül reagiert auf ein anderes chemisch nur dann, wenn sich beide relativ in einem bestimmten Bewegungszustand, in einem bestimmten Energiezustand befinden. Die Masse der Moleküle ist dabei deshalb doch von wesentlicher Bedeutung, als durch sie die Fluggeschwindigkeit für einen bestimmten Energiezustand festgelegt, und weil das Wesentliche, die Energiemenge bei einer bestimmten Fluggeschwindigkeit vorhanden ist. Diese Reaktionsenergiemengen, die in einem großen Ätheratomhaufen an bestimmte Anteile davon gebunden sind, teilen den Haufen oder den Körper ebenso prompt in eine bestimmte Anzahl reaktionsfähiger Teile ein, wie die alte Anschauung den Körper in gesonderte Molekeln einteilt, denn wie gesagt, die Ursache der Reaktionsfähigkeit ist wohl eine bestimmte Energiemenge, deren Substrat ist aber eine Masse, und zwar eine bestimmte Masse durch die weitere Präzisierung, daß sie die notwendige Energiemenge bei einer bestimmten Fluggeschwindigkeit haben muß. Wenn wir nun weiter annehmen, daß die verschiedenen Körper sich nur durch die Schwingungsfrequenz ihrer Atome und deren Bewegungsmoment voneinander unterscheiden, so sehen wir sofort, daß innerhalb weiter Grenzen nur gewisse Körper oder deren Bestandteile unter gewissen Umständen miteinander chemische Verbindungen eingehen können.

Aber nicht ganz ohne Rest gehen alle Vorgänge, die die Körper bei ihren physikalischen und chemischen Veränderungen erkennen lassen, in unsere Annahmen auf, wie sich später bei Gelegenheit dartun läßt; wir brauchen zur Stabilisierung der Variationen unserer Körperwelt unbedingt eine Reihe an sich verschiedenartiger Molekeln. Prüfen wir unsere grundlegenden Festsetzungen daraufhin. Wir gingen in § 6 davon aus, daß der Weltenraum mit unendlich kleinen bewegten Stoffteilchen, den Äther erfüllt sei, die gegeneinander vollkommen im Bewegungsgleichgewicht sind. Aus diesem Äther haben sich durch Zufall die Körper gebildet. Eine notwendige Folge dieser Anschauungsweise, die wir der Einfachheit der Entwicklung der Interferenztheorie zuliebe wählten, ist die andere, daß alle unendlich kleinen Äthermassenteilchen genau gleich groß seien. Lassen wir diese exklusive, gezwungene und ohne weiteres unwahrscheinliche Festsetzung fallen, nehmen wir also an, die elementaren Massenteilchen seien nicht genau gleicher Größe, so folgt daraus nach unserer Interferenztheorie die absolute Notwendigkeit der Körperbildung aus dem Äther, weil sich die Massenteilchen, nach ihrer Größe etwa, aus den kleinsten, den Ätherteilchen ausscheiden müssen. Aus Massenteilchen gleicher Größe werden sich unsere chemischen Elemente gebildet haben, die also nach unserer Theorie nicht weiter zerlegbar sind; aus diskreten Massenteilchen verschiedener Größe entstanden die chemischen Verbindungen, mit denen wir uns im § 12 befassen wollen. Damit haben wir mit einem Schlage die Schwierigkeiten des Molekelbegriffes ohne transpendentale innere Anziehungskraft beseitigt. Die Leistungsfähigkeit unserer Festsetzungen mag ihr Kriterium sein.

Wir wollen nochmals zusammenfassen: die Massenteilchen aller Körper, aller Weltkörper sind stofflich nicht voneinander verschieden, sie unterscheiden sich nur durch ihre Größe voneinander und dadurch für eine bestimmte Temperatur durch ihren Energiegehalt. Durch die molekulare Energiequalität, die kinetische Energie des Molekels und seine Schwingungsfrequenz ist die Natur eines Körpers oder seine chemische Eigenschaft ohne Rest gekennzeichnet. Die markante Eigenart eines Stoffes ist die Energiequalität seiner Molekeln.

In der Tat ist der Körper durch diese Festsetzungen ebenso genau bestimmt, wie etwa durch die Bezeichnungen Gold, Blei usw. Ähnliche Energiequalitäten bedingen ähnliche Molekularräume und ähnliche Molekularräume lassen bekanntlich ähnliche Eigenschaften vermuten. Das periodische Steigen und Fallen der Molekularvolumina, das zuerst von Lothar Meyer nachgewiesen wurde, das periodische System der Elemente überhaupt ist eine Tatsache, die durch unsere Interferenztheorie erst plausibel wird.

Die Frage nach der Form der Atome können wir offen lassen. Es ist nicht einzusehen, warum sie gerade ganz allgemein kuglig sein soll. Aber Erörterungen hierüber und über die Frage der Konsistenz der Atome nehmen sofort einen metaphysischen Charakter an. Wir wollten uns aber nur an das reell Vorstellbare halten, mit der Voraussetzung, daß man sich ein stoffliches Atom wirklich vorstellen kann.

Durch eine verschiedenartige Form der Atome wird übrigens nur die Drehenergie der Körper berührt, der wir ja keine prinzipielle Bedeutung beimessen. Es giebt aber Erscheinungen, die man nicht anders als durch eine besonders geregelte Rotation der Atome im Körper erklären kann. Bei diesen Erscheinungen müssen wir also bis auf die Form der Atome zurückgreifen. Das wird uns aber nur einmal im § 13 passieren.

Eine Frage wollen wir bei dieser Gelegenheit noch kurz berühren.

Die Wärme des neuen Körpers wird sich staffelförmig dem umgebenden Äther mitteilen und sich darin verbreiten. Die Wärme ist auf Kosten der Energie des Äthers entstanden und fließt dahin zurück. Sehen wir die Energie des Weltalls als konstant an, so wird sie gleichmäßig im Raume verteilt sein, bevor sich Körper aus dem Äther gebildet haben. Nach der Körperbildung ist die Weltenergie ungleichmäßig verteilt, in den Körpern dichter, im Äther infolgedessen weniger dicht. Als Ausdruck für die Energiedichte haben wir die Temperatur; durch die Körperbildung sinkt danach die Temperatur des Weltenraums und durch ihre allmähliche Wiederauflösung nimmt sie wieder zu. Die Entropie strebt nach einem Maximum, ohne daß Neubildungen von Körpern und damit eine erneute Erhöhung der Energieunterschiede ausgeschlossen sind, bis alle Körper sich zu einem vereinigen.

Nimmt die Energie des Gesamtäthers zu oder ab, so nimmt auch seine Temperatur zu oder ab. In diesem Falle ist auch unser τ im freien Äther nicht konstant, sondern ändert sich in demselben Sinn. Die Änderungen können aber wegen der großen Masse des Äthers im Verhältnis zu der der Körper nur sehr klein sein. Für lange Zeiträume ist τ, die Temperatur des Äthers, jedenfalls konstant.

Die Änderungen von τ müssen verschwindend klein sein, wenn wir uns den Äther nicht in einem endlichen Weltenraum eingeschlossen denken, sondern annehmen, eine ungeheure, aber endliche Menge Äther befinde sich in einem verhältnismäßig noch größeren, sagen wir unendlichen Weltenraum. Der Weltenraum ist an sich absolut leer. In ihm befindet sich zunächst der Äther. Durch die Kräfte, deren Ausdruck Gleichung 25) ist, ziehen sich die Ätheratome an und ballen sich zur mittleren Dichte des Weltäthers zusammen. Um den zusammengeballten Weltäther herum ist ein ätherverdünnter Raum, in dem der Weltäther in dem Maße expandieren kann, als seine durch die Energieverluste der Weltkörper zunehmende Eigenenergie mit der dadurch zunehmenden inneren gegenseitigen Anziehungskraft nicht gleichen Schritt hält. Die gegenseitige Atomanziehungskraft hängt nur von der Masse der Atome ab, und die ist sehr klein. Der Äther wird deshalb bei einer Zufuhr von Energie nur wenig durch eine Temperaturzunahme darauf reagieren, sondern entsprechend in die Leere um sich herum expandieren. Nennen wir nur den mit Äther mittlerer Dichte gefüllten Raum den Weltenraum, weil sich in ihm alles Kosmische abspielt, so können wir sagen, der Weltenraum nimmt zu oder ab, wenn die Energie des Äthers zu- oder abnimmt.

9.

Die Aggregatzustände der Materie.

Wenn wir den Zustand des reinen Äthers, einer Ansicht der modernen Physik gegenüber, nicht als besonderen Aggregatzustand ansehen, wozu wir logischerweise durch unsere Festsetzungen eines durchaus elementaren Aufbaues der chemischen Elemente genötigt sind, so müssen wir drei Aggregatzustände des Stoffes auseinander halten.

Drei Aggregatzustände kann ein Molekelschwarm annehmen, die sich mehr oder weniger scharf voneinander durch ihre Wirkung auf unsere Sinnesorgane, durch ihr relatives Verhalten auf unsere Tastorgane und andere Molekelschwärme, zum Äther und zur Erde unterscheiden. Dynamisch sind sie durch ihren Energiegehalt voneinander verschieden.

Erstens der feste Aggregatzustand mit dem relativ geringsten Energiegehalt. Die Differenz Z, Gleichung 31), ist groß. Der Schwarm muß in diesem Zustand so lange seine Form selbständig beibehalten, bis ihm eine größere Kraft als die, die ihn zusammenhält, eine andere Gestalt gibt. Die Schwerkraft ist hierzu zu klein. Zum besseren Verständnis der Größe der Kraft Z sei hier daran erinnert, welche große Wärme- oder Energiemengen man einem festen Körper zuführen muß, um eine kleine Ausdehnung, eine kleine Zurückdrängung des Äthers zu erhalten, oder, mit anderen Worten, mit welcher ungeheuren Kraft sich z. B. eine sich abkühlende Eisenstange zusammenzieht, ein Effekt, der nach unserer Vorstellung durch den andrängenden Äther hervorgebracht wird. Da die Beziehungen zwischen Ausdehnung und Wärmezufuhr bekannt sind, kann man durch sie numerischen Aufschluß über Z erhalten.

Man könnte auf diese Weise und aus anderen Wirkungen der Elastizität auch das wirkliche Molekulargewicht und die Molekeldichte numerisch bestimmen.

Wird Z ermäßigt, entweder A verkleinert oder F vergrößert, so nimmt schließlich der Schwarm den zweiten Aggregatzustand, den flüssigen an.

Z steht natürlich in keinem direkten Zusammenhange mit dem Luftdruck. In einem lufterfüllten Raum ist Z nahezu ebenso groß, so können wir annehmen, als in einem hochvakuierten Raum. Denn von dem Körper, dem Gefäß, das den hochvakuierten und selbst vom Äther entblößten Raum einschließt, lösen sich so lange Atome los, aus denen er ja besteht, bis der Gleichgewichtszustand wiederhergestellt ist. In der Atmosphäre vermehrt aber der Luftdruck den Ätherdruck.

Um einen Körper in den flüssigen Aggregatzustand überzuführen, müssen wir F so weit vergrößern, daß $Z = (A - F)$ annähernd gleich oder kleiner als die Schwerkraft wird. Dann ist die Schwerkraft imstande, dem Körper Gestalt zu geben.

Dabei ist aber zu beachten, daß A mit F fortwährend zunimmt; deshalb muß auch die spezifische Wärme des Körpers mit F, also mit der Temperatur zunehmen, solange die Struktur des Körpers, auf die wir im § 12 eingehen, keine tiefergehenden Veränderungen erleidet. Eine solche Zunahme hat man bisher nur beim Wasser beobachtet und numerisch bestimmt. Bei den Gasen sieht man die spezifische Wärme innerhalb weiter Grenzen als konstant an. Dies kann also nach unserer Theorie nicht der Fall sein, wie wir schon in § 4 hervorhoben.

In der Nähe des Schmelzpunktes muß F bedeutend gesteigert werden, um die Attraktionskraft zu überwinden. Das liegt aber nicht an einem unnormalen Wachstum von A um den Schmelzpunkt herum, sondern an Gründen, die wir erst im § 12 besprechen können.

Da Z bei Flüssigkeiten schon einen verhältnismäßig kleinen Wert angenommen, darf neben dem Ätherdruck der Druck des Gases, in dem sich der Körper befindet, nicht mehr vernachlässigt werden. Dieser ist zu jenem hinzu zu addieren.

Wenn wir die nötigen Daten kennen, ist die kritische Schmelztemperatur für jeden Druck also berechenbar. Für diese Temperatur haben wir die Gleichung

$$A - F = P,$$

worin P die Schwerkraft bedeutet.

Der Schmelzpunkt ist von der Schwerkraft abhängig. Ist die Schwerkraft kleiner als unsere normale irdische, so liegt der Schmelzpunkt höher. Auf dem Monde z. B. ist das Wasser nach unserer Theorie noch bei einer Temperatur gefroren, bei der es bei uns unter normalen Umständen schon flüssig ist.

Wird A weiter verkleinert oder F weiter vergrößert, so wird schließlich

$$A \cong F,$$

womit der dritte, der gasförmige Aggregatzustand erreicht wäre.

Bei noch weitgehenderer Verkleinerung von A oder Vergrößerung von F beginnt der Körper zu zerfallen, zu dissoziieren.

Ein fester Körper ist also nach unserer Anschauung lose aus seinen Bestandteilen zusammengesetzt. Trotzdem wirkt er auf unsere Sinnesorgane wie ein harter, undurchdringlicher Gegenstand, denn die Bestandteile unserer Tastorgane sind relativ noch loser aneinander gefügt. Alle Festigkeit ist ja relativ. Man beobachte z. B., wie ein Rauchring an einem andern abprallt oder an ihn zerschellt, je nachdem er ihn trifft. Ein Körper kann überhaupt von einem andern leichter durchdrungen, zerstört oder deformiert werden, wenn dessen Z im Verhältnis zu seinem Z möglichst groß ist. Die Bedingungen hierzu ergeben unsere Gleichungen, wenn wir für m das wirkliche Molekulargewicht einsetzen, zu dessen Bestimmung wir im § 12 einige Anhaltspunkte finden werden.

10.

Einige Anwendungen, Diskussion der Aggregatzustandsgleichungen.

Der Wert von Z kann sowohl durch Vergrößerung von F, also etwa durch Erwärmung oder durch Verkleinerung von A vermindert werden. Im nächsten Paragraphen werden wir eine Methode zur Herabminderung von A, die der Lösung, kennen lernen. Hier beschäftigen wir uns mit der Vergrößerung von F.

Wird $Z = P$, so wird der Körper flüssig bzw. fest, er befindet sich auf der Grenze zweier Aggregatzustände. Ebenso wenn $Z = 0$ wird; dann steht er auf der Grenze zwischen dem gasförmigen und dem flüssigen Zustande.

Beides sind kritische Punkte, die auch aus besonderen Gründen, die wir erst im § 12 entwickeln können, in einen zusammenfallen können. Wir wollen versuchen sie durch Auswertung von A und F mathematisch zu bestimmen.

Für den Schmelzpunkt ist nach unserer Voraussetzung

$$A - F = P.$$

Hierin ist nach Gleichung 29)

$$F = M \cdot 8u^3 \left(\frac{m}{\lambda^2}\right)^2,$$

und A nach Gleichung 31)

$$A = e\frac{3}{2} \cdot \frac{M_A}{R^2} \cdot M.$$

Die zusammenpressende Kraft A wird noch vermehrt durch den Druck, unter dem der Körper steht, also etwa dem Atmosphärendruck. Wir wollen ihn mit L berücksichtigen.

Daher

$$Z = M \cdot e \cdot \frac{3}{2} \frac{M_A}{R^2} + L - 8u^3 \left(\frac{m}{\lambda^2}\right)^2 \cdot M.$$

Setzen wir $M = 1$ und den konstanten Wert $\frac{3}{2} \frac{M_A}{R^2} = C$, und ersetzen wir e durch seine Bestandteile, so kommt für den Schmelzpunkt

$$\alpha) \qquad Z = C \cdot \frac{p}{\varrho} \cdot \left(\sqrt{u} + \sqrt{u_1}\right)^2 + L - 8u^3 \left(\frac{m}{\lambda^2}\right)^2 = P.$$

Für den Siedepunkt wird ebenso

$$\beta) \qquad Z = C \cdot \frac{p}{\varrho} \cdot \left(\sqrt{u} + \sqrt{u_1}\right)^2 + L - 8u^3 \left(\frac{m}{\lambda^2}\right)^2 = 0.$$

Die mittlere Fluggeschwindigkeit u_1 der Ätheratome, die für die Interferenzstellen in Betracht kommen, über deren Lage wir uns auf Seite 77 informiert haben, wird damit numerisch bestimmbar, wenn uns die andern Größen bekannt sind.

Eliminieren wir u_1 in der Gleichung für die Siedetemperatur, so kommt

$$u_1 = \left(\sqrt{u} \pm \sqrt{\left(\left(\frac{m}{\lambda^2}\right)^2 \cdot 8u^3 - L\right) \frac{\varrho}{p} \cdot \frac{1}{C}}\right)^2,$$

und für die Schmelztemperatur

$$u_1 = \left(\sqrt{u} \pm \sqrt{\left(\left(\frac{m}{\lambda^2}\right)^2 \cdot 8u^3 + P - L\right) \frac{\varrho}{p} \cdot \frac{1}{C}}\right)^2.$$

In dieser Gleichung ist L und u event. bekannt, die andern Größen sind unbekannt. Zu ihrer Bestimmung brauchen wir so viel Körper mit bekannten u und L als Unbekannte vorhanden sind. Von den λ kennen wir das Verhältnis, in dem sie in zwei Körpern stehen müssen, da sie von deren Dichte und Molekulargewicht abhängen. Vorausgesetzt, daß uns letzteres bekannt ist.

Wir wollen die Rechnung hier nicht durchführen, sie würde uns zu weit führen.

Wie wir im § 12 sehen werden, bestehen auch noch Schwierigkeiten für die Anwendung der Gleichungen.

Ist ein brauchbarer Wert für u_1 gefunden, so läßt sich eine Gleichung zur numerischen Berechnung der kritischen Temperaturen unter beliebigen Verhältnissen aufstellen, indem man den Ausdruck nach u auflöst. Vorausgesetzt ist dabei, daß u_1 sich nicht ändert.

In den Gleichungen α) bzw. β) werden die Bedingungen zur Änderung des Aggregatzustandes deutlicher, wenn wir sie etwas anders schreiben. Es ist

$$Z = C \cdot \frac{p}{\varrho} \cdot \left(\sqrt{u} + \sqrt{u_1}\right)^2 + L - 8u^2\left(\frac{m}{\lambda^2}\right)^2$$

oder

$$\gamma) \qquad Z + 8u^3 \cdot \left(\frac{m}{\lambda^2}\right)^2 = C \cdot \frac{p}{\varrho}\left(\sqrt{u} + \sqrt{u_1}\right)^2 + L.$$

Hierin versinnbildlicht die linke Seite die repulsiven Kräfte plus Z und die rechte Seite die attraktiven Kräfte. Nehmen wir an, daß bei einem beliebigen Zustand des Körpers $Z = L$ sei, so sehen wir in unserer Gleichung, wie durch Veränderung von L allein bei gleichbleibender Temperatur der Körper alle Aggregatformen annehmen kann, je nachdem L bzw. Z den relativen Wert 0, P oder einen höheren annimmt, denn Z wird immer den Wert von L haben.

Auch wenn in γ) Z kleiner ist als L, kann man durch Änderung von L allein den Aggregatzustand eines Körpers ändern, freilich praktisch nur in begrenztem Maße. Denn die linke repulsive Seite der Gleichung enthält u in kubischer Form. Die repulsiven Kräfte wachsen also mit Erhöhung der Temperatur oder der Fluggeschwindigkeit verhältnismäßig schneller als die attraktiven Kräfte und bald wird die Kräftedifferenz Werte annehmen, die durch eine Vergrößerung von L, also des Drucks, praktisch nicht mehr ausgeglichen werden können. Theoretisch ist das allerdings immer möglich.

Bei den Aggregatzustandsänderungen spielen aber noch andere Vorgänge eine große Rolle, durch die die reinen kinetischen Änderungen der Bewegung der Mole zunächst eine molekulare Veränderung hervorrufen und dann erst zur Veränderung von Z beitragen, wie wir im § 12 beobachten werden. Die Veränderungen von Z können da relativ plötzlich so große sein, daß ein Aggregatzustand, der flüssige, überhaupt übersprungen wird.

Wir können hier nicht näher auf konkrete Beispiele eingehen, weil uns dies zu weit führen würde und dann auch keine sicheren Werte für Dichtigkeit gerade der interessantesten Körper bei den kritischen Daten vorhanden sind. Die Gleichungen können auch dazu dienen, diese rechnerisch zu bestimmen. Wir beschränken uns hier mit dem Hinweis auf den Rechnungsgang und gehen in unseren Betrachtungen weiter, indem wir eine andere Methode der Aggregatzustandsänderung im Rahmen unserer Theorie näher untersuchen, die Methode der Lösung.

11.

Mechanische Theorie der Lösungen und der Kristallisation.

Kapillarität.

Man kann den Wert von Z für einen Körper erniedrigen und einen festen Körper unter gewissen Umständen dadurch verflüssigen oder noch höher verdünnen, daß man ihn in eine Flüssigkeit einbringt. Er löst sich in der Flüssigkeit. Solche Vorgänge gehören eigentlich schon in das Gebiet der Chemie, nach unserer Theorie wenigstens können wir chemische Reaktionen und Lösungsvorgänge nicht trennen. Wir wollen sie aber doch in diesem Zusammenhange besprechen, um uns in die Idee des nächsten Paragraphen einzuführen.

Wie wir gesehen haben, wirken auf jeden Molekelschwarm, auf jeden Körper zwei Kräfte, die Repulsionskraft, die durch die Schwingungsenergie der Molekeln entsteht, und danach strebt, den Molekularraum zu vergrößern, und die Attraktionskraft, die durch den Gegendruck des Äthers bedingt ist und jener entgegenwirkt. Die Differenz beider Kräfte war der Ausdruck des Aggregatzustandes des Körpers. Sehen wir einmal vom Luftdruck oder von einer event. künstlichen Kompression ab, so erhalten wir bei der Masseneinheit einer Flüssigkeit

$$Z = A - F < P,$$

worin $Z = P$ die Kraft der Schwere bedeuten möge. Für einen festen Körper ist

$$Z > P.$$

Legen wir jetzt den Körper in eine Flüssigkeit. Wir können vorläufig zur Vereinfachung der Vorstellbarkeit der Vorgänge die

Annahme machen, daß sowohl der zu lösende Körper, hier der feste Körper, als die Flüssigkeit chemische Elemente seien.

Beide Körper, der flüssige und der feste, haben dieselbe Temperatur. Nach Gleichung 3) ist also

$$\frac{m u}{N} \frac{u}{\lambda} = \frac{m_1 u_1}{N_1} \frac{u_1}{\lambda_1}.$$

Auf dem festen Körper lastet der Ätherdruck

$$Z + F = A,$$

wenn wir von L absehen. Dieser Druck bedingt seinen festen Aggregatzustand. Der Druck auf die Flüssigkeit war ebenso

$$Z_1 + F_1 = A_1.$$

Auf die Flüssigkeit und den festen Körper lastet also ein Ätherdruck

$$A + A_1.$$

Dieser Druck lastet aber zunächst nur auf die Grenzen der Flüssigkeit, auf den festen Körper wird nun ein Bruchteil davon drücken, der unter Umständen zu Null werden kann, nämlich wenn

$$\frac{u}{\lambda} = \frac{u_1}{\lambda_1},$$

die Schwingungsfrequenzen der Flüssigkeit und des festen Körpers gleich sind. Dann wird die Grenze der Flüssigkeit auch die des festen Körpers, die Molekeln dieses verlieren jeden Zusammenhalt, weil die Wellensphären seiner Molekeln in den Grenzen der Flüssigkeit nicht zur Interferenz gelangen können, da die Wellensphären der Molekeln der Flüssigkeit im Mittel dieselbe Frequenz besitzen. Wir haben hier schematisch das Bild der Bedingung einer chemischen Reaktion. Im nächsten Kapitel wollen wir uns damit beschäftigen. Ist

$$\frac{u}{\lambda} \gtrless \frac{u_1}{\lambda_1},$$

so wird die Flüssigkeit von dem zu lösenden Körper mit Wellensphären durchsetzt, die, wie wir bei der Ableitung der Schwerkraft gesehen haben, durch gegenseitige Beeinflussung eine gewisse Anziehungskraft unter den Molekeln des Körpers hervorrufen. Befindet sich der Körper nicht in der Flüssigkeit, so ist er durch die Wirkung seiner Wellensphären im Äther fest. Wir nehmen ja an, es handle sich um einen festen Körper. In der Flüssigkeit ist er der direkten Einwirkung des Äthers entzogen, der Äther kann seinen Molekeln direkt keine Attraktionskraft mehr verleihen, sondern diese Attraktionskraft hängt von der Qualität der Eigenschwingungen der Flüssigkeitsmolekeln ab. Die neue Attraktionskraft kann nun größer, gleich oder kleiner als die Attraktionskraft aus dem Äther, als die natürliche Attraktionskraft sein. Wir wollen sie A_2 nennen. Ist unter den Voraussetzungen, die wir gemacht haben,

$$A_2 - F = Z_2 < P,$$

so werden sich die Molekeln des festen Körpers infolge ihrer Repulsionskraft mit den Molekeln der Flüssigkeit zu vermischen beginnen.

Bei unserer schematischen Betrachtungsweise setzen wir voraus, daß λ und u konstant bleibt. In Wirklichkeit wird sich auch λ und u ändern und den Vorgang weiter komplizieren.

Wir wollen die sehr komplizierten Vorgänge mal vorläufig sozusagen äußerlicher, oberflächlicher betrachten und hier der Einfachheit halber annehmen, die verschiedenartigen Molekeln behalten ihre Bewegungsart und Frequenz vollkommen bei und stören sich nicht gegenseitig darin. Dies scheint uns zum Verständnis und zur Entwicklung des nächsten Paragraphen, auf den sich jetzt alles zuspitzt, ersprießlicher zu sein. Im nächsten Paragraphen lassen wir diese Forderung fallen.

Wird $Z_2 = 0$, so werden die Molekeln des festen Körpers zwischen denen der Flüssigkeit frei umherschwärmen, wie die eines Gases, unbeschadet des Druckes A und A_1, der auf die Flüssigkeit drückt.

An dieser Molekelmischung, an dieser Lösung müssen wir nun nach unserer Theorie folgende feineren Vorgänge weiter voraussetzen.

Die Molekeln der Flüssigkeit und des festen Körpers mögen

vorläufig einmal frei durcheinander fliegen oder schwingen. Wir wollen die ersteren m_1, die andern m nennen.

Die Molekeln m_1 haben einen andern Energiegehalt als die Molekeln m, es möge nicht zu einem vollkommenen Energieaustausch kommen. Die Molekeln m und m_1 bleiben als solche also in ihrer Energieeigenschaft bestehen, was tatsächlich nicht der Fall sein kann, wie wir im § 12 beobachten werden.

Es sind sowohl Attraktionskräfte als auch Repulsionskräfte zwischen den Molekeln m und m_1 einerseits als auch zwischen m und m_1 andrerseits vorhanden, eine Folge der die Mischung oder Lösung durchsetzenden Wellensphären von m und m_1. Dadurch werden die Molekeln m die Molekeln m_1 nicht beliebig durchdringen, sondern in einer bestimmten mittleren Konstellation, die durch die komponentale Gleichgewichtslage der Kräfte aller Molekeln gegeben ist. Der Kraftmittelpunkt sozusagen der Molekeln m wird der sich lösende feste Körper bleiben, an dem sich keine Molekeln mehr loslösen werden, wenn eine Gleichgewichtslage für die ganze Flüssigkeitsmenge erreicht ist. Dann ist die Lösung gesättigt.

Wir können uns die tatsächliche Gleichgewichtskonstellation als eine leicht zerfallbare chemische Verkettung im Sinne des nächsten Paragraphen vorstellen, bei der die Molekeln eine große Affinität zu ihrem Stammkörper beibehalten.

Die Größe der Attraktions- und Repulsionskräfte ist abhängig vom Energiegehalt der Molekeln, also von der Temperatur. Wird die Temperatur der Lösung geändert, so ändert sich auch das Gleichgewicht der Lösung und die Verteilung der Molekeln. Mit einer Erhöhung der Temperatur und Vermehrung der Molekelenergie muß aber die Verteilung der Molekeln nicht notwendig eine dichtere werden. Es kommt ganz darauf an, wie die größere Energie auf die Differenz unseres festen Körpers einwirkt, ob vergrößernd oder verkleinernd. Es wird deshalb eine Temperatur maximaler Löslichkeit geben. Durch weitere Energievermehrung wird die gelöste Menge des Körpers zurückgehen.

Geht die gelöste Menge des Körpers zurück, so werden die Molekeln m im Sinne ihrer Kräftegleichgewichtskonstellation aufeinander zurücken und, wenn es die Kräfteverhältnisse zulassen, wieder zu dem Körper zusammenschießen, den sie vorher gebildet haben. Die Gleichgewichtskonstellation wird dem neu aufgebauten Körper eine gewisse Gesetzmäßigkeit im Aufbau geben, denn die Molekeln werden sich in der Reihenfolge mit ihm vereinigen, in der sie sich aus der Lösung wieder ausscheiden und diese ist durch die Gleichgewichtskonstellation gegeben. Der neu aus der Lösung aufgebaute Körper muß also notwendig eine bestimmte Struktur besitzen, er muß kristallinisch sein.

Das Volumen der Lösung ist durch die Volumina der Einzelkörper keineswegs gegeben; es braucht nicht die algebraische Summe dieser zu sein, es kann vielmehr größer, gleich oder kleiner werden, je nach den Änderungen von λ und λ_1 bei der neuen Energiekonstellation, deren Bewertung wir uns für später aufsparten.

Über Temperaturveränderungen beim Lösungsvorgang können wir vorhersagen, wenn einer der Körper bei der Lösung den Aggregatzustand ändert, hierzu durch ähnliche Vorgänge, wie beim gewöhnlichen Schmelzen und Verdampfen, die wir im § 12 kennen lernen werden, Wärme gebunden oder frei wird, die sich in einer Abkühlung oder Erwärmung der Lösung äußert.

Bei ganz reinen Lösungsvorgängen ohne chemische Umsetzungen sollte sich eigentlich die Temperatur nicht ändern, denn den molekularen Arbeitsleistungen bei der Lösung steht immer ein äquivalenter Gewinn gegenüber. Abgesehen davon, wenn die Lösung das Gesamtvolumen änderte. Es gibt aber in unserer Theorie keine reinen Lösungsvorgänge nur physikalischer Natur, wenn sich die Körper molekular miteinander mischen, sondern nur chemische. Die Unmöglichkeit rein physikalischer Lösungsvorgänge liegt daran, daß u und λ, u_1 und λ_1 sich gegenseitig beeinflussen müssen und in der Lösung einen neuen, molekular gemeinsamen Wert annehmen, womit eben eine chemische Reaktion, ein neuer Körper gegeben ist, nach unseren Anschauungen sowohl, wie nach denen, die zur Aufstellung des periodischen Systems führten. In diesem Sinne müssen wir auch die atmosphärische Luft als eine chemische Verbindnng, wenn auch sehr loser Konstitution, bezeichnen. Wir kommen seinerzeit darauf zurück.

Wenn wir das Zustandekommen einer Kräftekonstellation zwischen zwei verschiedenartigen Körpern als Merkmal eines Lösungsvorgangs halten, können wir die dichten Gashüllen, mit denen sich mehr oder weniger alle Körper umgeben, in besonders starkem Maße, z. B. Platin mit Sauerstoffgas, auch als Wirkung eines Lösungsvorgangs betrachten. Das wäre ein Beispiel einer rein physikalischen Lösung, die aber auch schon einen Übergang zu den chemischen Lösungen bilden kann.

Drastisch zeigt dies das Verhalten des Palladiums gegen Wasserstoff. Palladium absorbiert mit solcher Gleichmäßigkeit eine bestimmte Menge Wasserstoff, daß man die Kombination des Palladiums mit Wasserstoff, die sich hier ganz offenbar nur in einem energetischen Gleichgewichtszustand befinden, sogar als einen neuen Körper, als Palladiumwasserstoff von der Zusammensetzung Pd_2H, nach Shields Pd_3H_2 ansieht. Das Aussehen des Palladiumwasserstoffes ist auch ein ganz anderes, als das des Palladiums.

Ist das Lösungsmittel ein Gas und der sich lösende Körper flüssig, so haben wir einen Verdunstungsvorgang, durch den bedeutende Wärmemengen durch die Arbeit gebunden werden können, die wir im § 12 als zur Verdampfung notwendig kennen lernen werden.

In diesem Zusammenhange wollen wir noch auf die Erscheinungen der Kapillarität hinweisen, die wir auch als eine Art Lösungsvorgänge auffassen können, wenn wir den Ton auf die molekulare Gleichgewichtskonstellation zwischen der Kapillarröhre und der Flüssigkeit legen. Die Kapillarröhre wäre vorzüglich geeignet, Schwankungen in der Anziehungskraft deutlich erkennbar zu machen, wenn ihre Gestalt bei Temperaturänderungen konstant blieb.

Nach unserer Theorie ist es auch ohne weiteres plausibel, daß die Gegenwart anderer Substanzen im Lösungsmittel die Löslichkeit einer Substanz beeinflussen kann, da die Schwingungssphären und die Gleichgewichtskonstellation dadurch geändert wird.

Wir wollen uns jetzt mit den eigentlichen chemischen Prozessen beschäftigen und sie mit unserer Theorie in rein mechanische Vorgänge auflösen.

12.

Mechanik chemischer Reaktionen.

Die Änderung molekularer Fluggeschwindigkeit bei chemischen Verbindungen, Verbindungswärme, Ätherverbindungen, Schmelz- und Verdampfungswärme, Radioaktivität, stereomere und isomere Verbindungen, Katalyse.

Um uns chemische Reaktionen im Sinne der Interferenztheorie mechanisch zu veranschaulichen, vergegenwärtigen wir uns natürlich schematisch die Vorgänge nacheinander in übersichtlicher Reihenfolge. In Wirklichkeit erfolgen die Reaktionen oft augenblicklich, und scheinbar werden dabei einzelne der Reaktionsstadien übersprungen. Wir halten es deshalb nicht für überflüssig, nochmals den rein schematischen Charakter unserer Darstellung zu betonen.

Der innere Vorgang bei der molekularen Gleichgewichtskonstellation in Lösungen ist, wie schon erwähnt, ebenfalls ein chemischer und spielt sich deshalb in der gleichen Weise ab.

Vermischen wir zwei Stoffe, etwa, indem wir den einen in den andern lösen und bringen sie auf eine Temperatur, bei der beide im Mittel gleiche Schwingungsfrequenz besitzen, so werden ihre Mole frei durcheinander fliegen. Zwischen den Molen beider treten vorerst repulsive, aber keine attraktiven Kräfte auf.

Haben die beiden Gase nicht gleiche Schwingungsfrequenz, so werden die Mole wegen der verminderten attraktiven Kräfte auch durcheinander fliegen, jedoch in einer bestimmten Gleichgewichtskonstellation, da die attraktiven Kräfte nicht vollkommen verschwunden sind.

Der Gleichgewichtszustand zwischen den Molekeln gleicher oder ungleicher Frequenz ist aber ein labiler, der sehr bald gestört wird. Nehmen wir an, die Molekeln besitzen gleiche Frequenz, da dieser Fall typischer ist. Die Molekeln besitzen also zwar gleiche Frequenz, bei Gasen sogar gleiche Energie, aber verschiedene Geschwindigkeiten.

Die Stoffe mögen zwei Gase sein. Wir müssen annehmen, die Molekeln gruppieren sich im Mittel gegenseitig noch im labilen Gleichgewichtszustand so, daß sich gleiche Energiemengen oder gerade Vielfache davon gegenüberstehen in einer gewissen Gleichgewichtskonstellation, die wir im vorigen Kapitel kennen gelernt haben. In Wirklichkeit wird das eine Folge stabiler Gleichgewichtslage nach der eigentlichen Reaktion sein. Von unseren Gasen werden sich also z. B. je ein Molekel gegenseitig derartig binden. Wir wiederholen, sie sind vorläufig noch durch keinerlei Krafte verbunden, wir greifen mit dieser Annahme den Ereignissen vor, um der Veränderung der molekularen Kräftegleichgewichtslage, dem Produkt zahlreicher Kräftekomponenten, bequemer folgen zu können. Die beiden Molekeln haben zwar gleiche Energie, aber verschiedene Geschwindigkeiten. Wie wir schon im § 6 festgestellt haben, sind unsere Molekeln total unelastisch. Wir wissen nicht, wie wir uns ein elastisches einfaches Molekül vorstellen sollen. Eine Folge der Unelastizität ist, daß das Molekül m mit der höheren Geschwindigkeit u, mit der Energie höherer Potenz fortan mit der Geschwindigkeit u_1 des andern Moleküls m_1 fliegt, während dieses zunächst seine Geschwindigkeit beibehält.

Die kinetische Energie e und e_1 der Molekeln war vor dem Ausgleich

$$e = \frac{m u^2}{2} = \frac{m_1 u_1^2}{2} = e_1 .$$

Nach dem Ausgleich wird nach wie vor vorläufig sein

$$e = \frac{m_1 u_1^2}{2} .$$

Dagegen ist die andere, e, auf

$$e_2 = \frac{m u_1^2}{2} = \frac{m}{m_1} e_1$$

gesunken.

Sollen sich nunmehr die beiden Molekeln dennoch das Gleichgewicht halten, so muß die Frequenz des Moleküls m auf das $\frac{m}{m_1}$fache erhöht werden. Dies geschieht nun durch die nach einer Gleichgewichtslage strebenden Energien der beiden Mole von selbst dadurch, daß der Schwingungsweg von m um das m_1 fache verkürzt wird.

In Wirklichkeit würden zwei einzelne Mole niemals ihre

Energie in der Weise austauschen oder ausgleichen, sie würden vielmehr bald zum Stillstand kommen, denn sie sind ja unelastisch. In einem großen Molekelhaufen kommt aber der Ausgleich durch die Mitwirkung des Äthers zustande, dessen Rolle als Träger einer potentiellen Energie wir im § 6 kennen gelernt haben. Wir wollen hier annehmen, die Mole gleichen sich aus eigenem Vermögen aus, um die Betrachtung nicht zu komplizieren.

Nach dem Ausgleich stehen sich nun je ein m- und m_1-Molekel in einem besonderen Energieverhältnis gegenüber, im stabilen Gleichgewicht, in das sie immer wieder zurückkehren, wenn ihre Konstellation durch ihre gegenseitige Beeinflussung oder andere Kräfte gestört wird, falls die Störung ein gewisses Maximum nicht überschreitet. Wir haben damit eine energetische, in diesem Sinne bald durch große Energie bzw. Temperaturänderungen, bald, wie bei den Lösungen, in engen Energiegrenzen stabile Vereinigung verschiedenartiger Mole, die deshalb nach außen neue Eigenschaften besitzen, wir haben eben eine chemische Verbindung.

Nun ist die Molekelgeschwindigkeit des einen Bestandteiles der Verbindung verringert worden und damit seine Eigenenergie, wodurch mittelbar eine unmittelbare Kraftäußerung des Äthers ausgelöst wird, wie wir im § 6 gesehen haben. Die neue energetische Konstellation der Mole hat durch ihre Rückwirkung auf den Äther energetische Konsequenzen, die das Volumen, die Temperatur und den Aggregatzustand der neuen Verbindung verändern, denn der Ätherdruck und unsere Größe Z ist eine Funktion der Molekelgeschwindigkeit.

War die Attraktionskraft der m-Molekeln vor der Reaktion A, die der m_1-Molekeln A_1, und ebenso die Repulsionskräfte F und F_1, so war

$$Z = A - F$$

und

$$Z_1 = A_1 - F_1.$$

Nach der Reaktion ist A auf A_2 und F auf F_2 gesunken, dadurch ist Z auf

$$Z_2 = A_2 - F_2$$

gestiegen. Der Druck $Z + Z_1$ auf die Molekelmischung vor der

Reaktion genügte nicht, ihren Aggregatzustand zu ändern. Der größere Druck $Z_1 + Z_2$ nach der Reaktion kann dazu imstande sein.

Vor der Reaktion war die kinetische Energie der Mischung in bezug auf die Fluggeschwindigkeit der Molekeln $Ne + N_1 e_1$. Nachher ist sie auf die kleinere Energiemenge

$$N_1 e_1 + N \frac{m_1}{m} e = N_1 e_1 + N \cdot e_2$$

gesunken. N und N_1 sind die Anzahl der Molekeln, die in Reaktion kommen. Nach der Reaktion ist ein neuer Körper mit der Masse $m + m_1$ entstanden, dessen Molekelgeschwindigkeit vorläufig u_1 ist.

Wir haben anzunehmen, daß das Gas, dessen Molekelgeschwindigkeit auch vor der Reaktion u_1 war, dabei die Temperatur der Umgebung oder sonst eine bestimmte Bezugstemperatur, z. B. 0° C. hatte, deren Ausdruck ist dann

$$\mathfrak{T}_0 = \frac{m_1 u_1^2}{N_1 \lambda_1}.$$

Nach der Reaktion hat die chemische Verbindung die Temperatur

$$\mathfrak{T}_1 = \frac{(m + m_1) u_1^2}{N_1 \lambda_1},$$

also eine höhere. Durch Abkühlung der Verbindung auf die Bezugstemperatur wird eine gewisse Wärmemenge q frei.

Die Wärmemenge q ist ein Teil der Verbindungswärme der Reaktion. Ein anderer Teil wird die der Energiemenge $(Ne - Ne_2)$ äquivalente Wärmemenge sein.

Wir werden noch in diesem Paragraphen sehen, daß die Bestimmung von $\mathfrak{T}_1$ nicht ohne weiteres in der eben geschilderten Weise vorgenommen werden kann, weil das neue wirkliche Molekulargewicht nicht immer die Summe des Gewichts aller in Reaktion gekommenen Molekeln ist, sondern unter Umständen ein Vielfaches davon. Wir lassen das vorläufig hier unberücksichtigt.

Diese Einflüsse lernen wir am besten an einigen Beispielen verstehen. Vorher wollen wir noch einige allgemeine Bemerkungen machen.

Wie wir gesehen haben, muß es für die Einleitung der Reaktion eine günstigste Temperatur geben, bei der im Mittel etwa

$$\frac{u}{\lambda} = \frac{u_1}{\lambda_1}$$

ist; welcher Art noch andere, günstige Schwingungsverhältnisse sind, machten wir uns im vorigen Paragraphen klar.

Das Wesen dieser Reaktionstemperaturen werden uns hier durch die Interferenztheorie verständlich.

Wenn wir die Dimensionen der Atome und ihr Verhältnis zum mittleren Flugweg, zu λ, besser kennen würden, könnten wir die Reaktionstemperaturen numerisch bestimmen. Daß die Dimensionen mit unseren Hilfsmitteln bestimmbar sind, haben wir im § 4 gezeigt.

Verständlich ist uns auch, daß die stabilste energetische Verkettung der verschiedenartigen Atome aufgelöst wird, wenn der Energiegehalt der Verbindung oder ihre Temperatur über ein bestimmtes Maß erhöht wird, über die Dissoziationstemperatur der Verbindung, bei der das Atomgleichgewicht und damit die chemische Verbindung zerstört wird.

Damit der Körper dissoziiert, muß ihm eine bestimmte Wärmemenge zugeführt werden, auch wenn er bereits die Dissoziationstemperatur besitzt. Die Dissoziationswärme ist mit der Verbindungswärme identisch. Die Temperatur wird so lange konstant bleiben, bis der Körper vollkommen dissoziiert ist, trotzdem ihm fortdauernd Wärme zugeführt wird. Auf diesen wichtigen Vorgang kommen wir weiter unten zurück.

Die Vorstellung der Körper als bestimmte Energiegleichgewichte, die sich immer wieder auf dieselbe Art bilden, wird plausibler, wenn wir auch in der anorganischen Welt an einen gewissen Entwicklungsgang denken, ähnlich wie in der organischen Welt. Unendlich viele Gleichgewichtszustände unter den Molekeln der verschiedenen Körper sind möglich, von diesen vermögen nur wenige den mannigfachen Kräften aus dem Äther, den Weltkörpern usw., die auf sie einwirken, Stand zu halten, die alle zugleich eine Gleichgewichtslage zu stören suchen. Dadurch wird die mögliche Anzahl verschiedener Körper auf eine verhältnismäßig kleine Menge davon reduziert, von der noch viele, wie wir aus der Chemie wissen, außerordentlich leicht zerfallbar, oder für ein nur kleines Temperaturintervall herstellbar sind. Wir haben hier dasselbe, was man in der organischen Welt Selektion der Geeignetsten nennt. Ebenso führt die Selektion der geeignetsten Gleichgewichtslage zur Bildung eines neuen Körpers, zu einer chemischen Verbindung.

Verdeutlichen wir uns jetzt die geschilderten Vorgänge an einigen Beispielen.

Wasserstoff H und Fluor F reagieren bei gewöhnlicher Temperatur aufeinander und vereinigen sich zu HF. Wir vermuten deshalb, daß die gewöhnliche Temperatur, sagen wir 0° C., nahe der des Reaktionsmaximums liegt, bei der H und F vielleicht gleiche Schwingungsfrequenz besitzen.

Die Geschwindigkeit der H-Molekeln oder Atome ist nach der Tabelle im § 5 bei 0° C. 1840 m, die der F-Bestandteile 422 m. Sollen die Molekeln synchron schwingen, so müssen sich dennoch die Wege verhalten wie

$$1840 : 422 = 4{,}36 : 1.$$

In gleichen Volumen beider Stoffe befinden sich nun gleichviel Molekeln, der verschiedene Schwingungsweg muß deshalb nur eine Folge der verschiedenen Dimensionen der Moleküle sein. Das Atomgewicht von H ist 1, das von F = 19, ebenso müssen sich nach unserer Anschauung die Dimensionen verhalten. Infolgedessen ist die Wahrscheinlichkeit, daß ein F-Molekül an ein H-Molekül in dem sich eben mischenden beiden Gasen stößt, und seinen Weg ändert, und umgekehrt, beim F größer, wodurch in unserem Falle (bei gleicher Schwingungsfrequenz) der Weg im Mittel auf den 4,36^ten^ Teil abgekürzt wird.

Wir können die Sache also so auffassen, daß die Gleichheit der Schwingungsfrequenz erst eintritt, nachdem die Gase schon gemischt sind, kurz vor der Reaktion. Sie reagieren aufeinander, wenn die Atome ganz oder zum Teil so verteilt sind, daß die H-Atome durchschnittlich einen 4,36 mal größeren Weg als die F-Atome zurücklegen.

Als eine Bedingung zum Eintritt einer molekularen Mischung

eliminierten wir, daß die Schwingungsfrequenzen der in Mischung kommenden Körper sich um ein bestimmtes Verhältnis herum befinden. Als eine zweite Bedingung zum Eintritt der eigentlichen Reaktion können wir festsetzen, daß die Reaktion, d. i. die Bildung einer neuen molekularen Gleichgewichtslage im Sinne der oben erwähnten Selektion auch möglich ist. Atmosphärische Luft und Wasserstoff oder Kohlendioxyd mischen sich weder unter gewöhnlichen Umständen, noch reagieren sie aufeinander, trotzdem ihre Schwingungsfrequenzen durch zweckmäßige Einleitung des einen Stoffes in den andern sicher mal in ein günstiges Verhältnis gebracht werden können. Wir müssen daher annehmen, daß hier die zweite Bedingung nicht erfüllt ist. Manchmal können die Bedingungen bei höheren Temperaturen oder andern Schwingungsfrequenzen erfüllt werden, wie z. B. beim Wasserstoff und Sauerstoff. Auch die Schwingungsfrequenz eines dritten Stoffes kann eine vermittelnde Rolle zwischen zwei andern Stoffen spielen. Wir kommen bei Erwähnung der Katalyse darauf zurück. Ein Beispiel hierfür, bei dem der dritte Stoff nicht einmal anwesend ist, sondern nur durch seine Schwingungsfrequenz wirkt, ist die Reaktion von Chlor auf Stickstoff im Sonnenlicht.

Bei Besprechung der Strukturformeln der Kohlenstoffverbindungen auf Seite 112 wird sich indessen zeigen, daß die wirklichen Vorgänge durchaus nicht so einfach sind, wie wir sie hier vorerst darstellen müssen, um nicht die Übersicht zu verlieren. Das liegt daran, daß jedes Molekül gleichzeitig mehrere Schwingungsfrequenzen hat, weil es aus diskreten, selbständigen und voneinander verschiedenen Atomen besteht. Beim Molekül der chemischen Verbindungen haben wir das ja schon konstatiert, aber auch das der Elemente verhält sich ebenso. Dadurch werden die Verhältnisse recht verwickelte. Wir bemerken das hier vorgreifend ohne weiteren Kommentar und kehren zu unserem konkreten Beispiel zurück.

Nun tritt also in der oben geschilderten Weise die Reaktion ein.

Danach haben sowohl die F- als die H-Atome zunächst eine mittlere Geschwindigkeit von 422 m und die H-Bestandteile die 19fache Frequenz der F-Bestandteile.

Durch die Reaktion hat der Wasserstoff den größten Teil seiner Energie verloren. Vorher war seine Energie

$$e = M \frac{1840^2}{2},$$

während sie jetzt auf

$$e_1 = M \cdot \frac{422^2}{2} = \frac{e}{19}$$

gesunken ist.

Die Energiemenge $(e - e_1)$ ist aus der Verbindung total verschwunden, deren Temperatur zunächst T_1 ist. Wo ist nun die Energie geblieben? Innere molekulare Arbeit im Sinne der modernen Chemie und Physik gibt es in unserer Theorie nicht, wie es keine innere Reibung geben kann, da ja unsere Molekeln unelastisch sind. Wir wissen aber aus unserer Entwicklung in § 6, daß die Energie $(e - e_1)$ dennoch als potentielle Energie im umgebenden Äther vorhanden ist. Der Äther dringt nun plötzlich auf die neue Verbindung, deren Repulsivkraft nicht mehr zum Widerstand genügt, ein und die Energie $(e - e_1)$ setzt sich in Wärme um. $(e - e_1)$ ist deshalb der Teil der Verbindungswärme von Fluorwasserstoff, der aus der veränderten Flugenergie der Molekeln resultiert. Nachdem sich die Verbindung wieder auf T_1 abgekühlt hat, ist $(e - e_1)$ endgültig verschwunden, die Energie ist dem Äther wiedergegeben, aus dem sie stammte. Durch weitere Abkühlung auf die Bezugstemperatur $\mathfrak{T}_0$ erhalten wir einen andern Teil der Verbindungswärme.

Um ein Bild von numerischem Wert des Teils $(e - e_1)$ der Verbindungswärme zu bekommen, berechnen wir die Temperatur, bei der freier Wasserstoff eine Molekelgeschwindigkeit von 422 m besitzt. Wir erhalten aus

$$422 = 1840 \sqrt{\frac{T}{273}}$$

die Temperatur

$$T = \frac{(422)^2}{(1840)} \cdot 273 = 14{,}4^0 \text{ absolut}$$

oder $-258{,}6^0$ C.

Bei $243{,}5^0$ C. wird aber Wasserstoff schon flüssig. In $(e - e_1)$ ist deshalb die Verdampfungsenergie des Wasserstoffs, die Flüssigkeitswärme für etwa 15^0 und die Gaswärme für etwa $243 + t_1{}^0$

enthalten. Ein direktes Resultat würde eine numerische Berechnung von $Z_1 + Z_2$ geben, wie wir im § 10 besprochen. Dazu fehlen uns aber einige experimentelle Werte.

Als Wert der Temperatur T_1 erhalten wir direkt in Celsiusgraden aus

$$\frac{m_1 + m}{m_1} \cdot 273 = \frac{20}{19} \cdot 273 = 287 - T_0$$

die Temperatur $t = 14^0$ C.

$Z_1 + Z_2$ hat jedenfalls eine solche Größe angenommen: es genügt ja, um Wasserstoff zu verflüssigen, daß wir den Aggregatzustand der neuen Verbindung auch in der Nähe des flüssigen suchen müssen. In der Tat ist ja HF bei 0^0 flüssig. Dementsprechend ist auch das Volumen der neuen Verbindung.

Stellen wir ähnliche Überlegungen über den Teil $(e - e_1)$ der Verbindungswärme wie für HF für Wasser H_2O an, so finden wir, daß der Wasserstoff in Wasser von $t_1{}^0$ C. eine Geschwindigkeit von 460,4 m hat, die der freie Wasserstoff bei 17^0 absolut oder -256^0 C., also im flüssigen Zustande besitzt. Als Wert von T_1 erhalten wir aus

$$T_1 = \frac{m + m_1}{m} \cdot 273 = \frac{18}{16} \cdot 273 = 307$$

die Temperatur von 34^0 C. Aus den auf S. 105 entwickelten Gründen wird t_1 tatsächlich mindestens doppelt so groß, also 341^0 C. sein. H ist in Wasser in doppelter Menge als in Fluorwasserstoff vorhanden; da sich F und O einigermaßen in ihren mechanischen Werten, auf die es ja allein ankommt, gleichen, wird $Z_1 + Z_2$ und damit die Verbindungswärme bei der Bildung von Wasser etwa die doppelte Größe erlangen als bei der Bildung von Fluorwasserstoff.

Es sei noch darauf hingewiesen, daß $Z + Z_1$ sich bedeutend verändern kann, ohne daß die Bestandteile einer chemischen Verbindung zur Bildung des neuen Körpers ihren Aggregatzustand ändern. Nämlich, wenn die in Verbindung gehenden Körper fest sind, z. B. wenn sich Eisen und Schwefel zur Bildung von Ferrosulfid FS verbinden.

Die Molekelgeschwindigkeit der Verbindung bei 0^0 C. ist die des Eisens bei dieser Temperatur oder nach unserer Tabelle im

§ 5 gleich 246 m. Der freie Schwefel hat aber bei dieser Temperatur eine Geschwindigkeit von 325 m, wenn er zweiatomig ist. Die Temperatur, auf die man ihn abkühlen muß, damit sich seine Molekelgeschwindigkeit auf 246 m ermäßigt, berechnet sich aus

$$246 = 325 \sqrt{\frac{T_1}{273}}$$

oder

$$T_1 = \frac{(246)^2}{325} \cdot 273 = 156$$

auf 156° absolut oder − 117° C.

Da der Schwefel von 0 bis − 117° nicht den Aggregatzustand wechselt, ist

$$117 \cdot ck$$

unmittelbar ein Teil der Verbindungswärme, wenn c die mittlere spezifische Wärme des Schwefels für dieses Temperaturintervall und k sein in Reaktion gekommenes Gewicht ist. Ist die spezifische Wärme des Schwefels = 0,2 und hat sich 1 kg FeS gebildet, in dem 0,364 kg Schwefel enthalten sind, so wird dieser Teil der Verbindungswärme

$$W = 117 \cdot 0{,}2 \cdot 0{,}364 = 8{,}5 \text{ Kal.}$$

Die Temperatur T_1, bei der das einfache Schwefeleisen diesen Energiebetrag an Flugenergie weniger besitzt, finden wir aus

$$T_1 = \frac{m + m_1}{m_1} 273 = \frac{32 + 56}{56} \cdot 273 = 630.$$

Sie beträgt also 630 − 273 = 357° C., ist also ziemlich hoch. Ein zweiter Teil der Verbindungswärme von FS ist also, wenn c die spezifische Wärme des Schwefeleisens und 0° die Bezugstemperatur t_0 ist

$$357 \cdot c \text{ Kal.}$$

Ein dritter Teil der Verbindungswärme steckt in der Änderung des Wertes von A, der Attraktionskraft, die kleiner geworden ist.

Auch bei den chemischen Elementen hat die Chemie feste Atomverbindungen festgestellt. Wir müssen uns das zu erklären suchen, denn nach unserer Theorie ist eine energetische Verkettung ganz gleichmäßiger Atome nicht gut möglich. Nun weichen die Atomgewichte oder die Dimensionen der Atome der verschiedenen Elemente zum Teil erheblich voneinander ab; es wäre sonderbar, wenn es keine Zwischengrößen zu den gefundenen Atomgrößen gäbe. Es ist vielmehr höchstwahrscheinlich, daß es Atome von allen möglichen Größen gibt; vom kleinsten Ätheratom bis zum größten Uranatom werden alle möglichen Größen existieren und Atome nur ungefähr gleicher Größe werden sich zu einem Element zusammenfinden. Je genauer die Dimensionen der Atome zusammenpassen, desto beständiger und einheitlicher ist der Charakter des Elementes und desto markanter sind seine Wirkungen. Relativ größere Verschiedenheiten der Bestandteile ermöglichen mehrere Modifikationen des Elements. Die Atome verketten sich energetisch und aus verschiedenen molekularen Gleichgewichtslagen wird immer der für den Sonderfall geeignetste ausgewählt. Wir verstehen so die Existenz mehratomiger Elemente. Geht ein chemisches Element aus einer Gleichgewichtslage in eine andere über, verändert sich z. B. der monokline Schwefel in die rhombische Modifikation, so kann auch Z geändert werden und damit eine Temperaturänderung eintreten, wie bei einer chemischen Reaktion. Im Grunde ist es eine chemische Veränderung, nur ist die Änderung so klein, daß die neuen mechanischen oder chemischen Eigenschaften des Körpers nur unwesentlich vom alten, oder von seiner chemischen Modifikation abweichen.

Wenn der monokline Schwefel z. B. sich in rhombischen verwandelt, werden 2 Kal. frei. Wir müssen diese 2 Kal. als Verbindungswärme einer chemischen Reaktion bezeichnen, bei der ein Schwefel von bestimmtem Aufbau infolge seiner nicht ganz gleichartigen Zusammensetzung in einen Schwefel chemisch veränderten Aufbaues übergeht. Auch die sogenannten Haltepunkte des Eisens können wir uns auf diese Weise verständlich machen. Wenn man hocherhitztes Eisen sich abkühlen läßt, kann man mehrere Temperaturstufen beobachten, bis zu denen die Temperatur gleichmäßig sinkt und dann einige Zeit konstant bleibt. Bei den Temperaturstufen, den Haltepunkten gehen nach unserer

Theorie die dissoziierten Atome untereinander interne Verbindungen ein.

Auch der Äther kann nicht ganz einheitlich zusammengesetzt sein, im Gegenteil müssen wir uns dessen Atome der Größe nach von außerordentlicher Verschiedenheit, von der Dimension fast eines Wasserstoffatoms bis zur unendlich viel kleineren Dimension denken. Der Äther wird deshalb unter sich mannigfache Atomverbindungen eingehen, von denen manche leicht zerfallen. Durch solche Vorgänge können wir uns im nächsten Paragraphen Erscheinungen der statischen Elektrizität erklären, die uns sonst rätselhaft vorkommen müssen.

Nicht nur die Elemente verketten ihre Atome untereinander, sondern die Elemente und auch die chemischen Verbindungen ihre Molekeln. Diese Verkettungen sind meistens nur für kleinere Temperaturintervalle stabil, sie dissoziieren oft bei mäßigen Temperaturerhöhungen. Ein Beispiel ist das Eisen mit seinen Haltepunkten. Ist der Körper bis zur Dissoziationstemperatur erwärmt, so kann ihm die Dissoziationswärme zugeführt werden, ohne daß der Körper seine Temperatur ändert. Die Dissoziationswärme ist natürlich hier der Verbindungswärme äquivalent, wenn er die dissoziierte Molekelverkettung, die interne Verbindung wieder eingeht. Vor und nach der inneren Dissoziation, wie wir diese Dissoziationen, die wir noch näher kennzeichnen werden, nennen wollen, hat der Körper dieselbe Grundstruktur. Die Molekel- oder Atomverkettung, die ihm den Charakter eines Körpers mit besonderen Eigenschaften aufprägt, überdauert die inneren Dissoziationen. Nach der inneren Dissoziation besitzen die Bestandteile des Körpers aber eine um den Betrag der inneren Dissoziationswärme größere Energiemenge, die oft ausreicht, um den Aggregatzustand des Körpers zu ändern. Reicht sie nicht hierzu aus, so entsteht eine Modifikation des Stoffes, wie wir beim Schwefel gesehen haben. War der Körper vor der inneren Dissoziation fest, so kann er nachher flüssig oder sogar gasförmig sein, so daß der Körper unter gewöhnlichen Umständen als flüssig gar nicht erhalten werden kann. Mit einem Wort: die innere Dissoziationswärme ist identisch mit der Schmelz- und Verdampfungswärme der Körper. Nach unserer Auffassung kann zwar ein Körper seinen Aggregatzustand ändern, ohne daß innere chemische Änderungen in ihm stattfinden, dann existiert bei ihm aber auch keine besondere Schmelz- oder Verdampfungswärme, die Bestandteile der Körper, auch der einfachsten, sind durch ihre ungleichartige Größe aber derart miteinander energetisch verkettet, daß das energetische Gleichgewicht bei Temperaturänderungen leicht gestört wird, daß die Struktur des Körpers sozusagen umkippt, wodurch Z solche Änderungen erfährt, daß der Körper einen neuen Aggregatzustand annimmt. Aggregatzustandsänderungen sind also gewöhnlich von inneren chemischen Umsetzungen begleitet, deren Verbindungswärme die zur Änderung des Aggregatzustandes notwendige Wärmemenge darstellt.

Damit entsteht die neue Frage, was nun eigentlich als das Molekulargewicht eines Körpers anzusehen ist. Für die moderne Chemie ist die Frage gleichgültiger, weil man da als Molekulargewicht die Summe der Gewichte der verschiedenartigen zu einem hypothetischen Molekül vereinigter Atome versteht und damit auch auskommt. Eine strengere Bestimmung fordert unsere Gleichung 3) und deren Anwendungen. Um einen wirklich brauchbaren Wert von u zu finden, müssen wir vor allem das Gesamtgewicht der wirklich zu einem Realmolekül vereinigten Atome kennen. Die Fluggeschwindigkeiten, die wir im § 5 für verschiedene Körper zu einer Tabelle zusammentrugen, sind deshalb nicht wirkliche, sondern nur ideelle und hatten den Zweck, unsere Entwicklung anschaulicher zu machen. Die Fluggeschwindigkeit hängt in Gleichung 7) von dem Molekulargewicht ab und das ändert sich nach unserer Anschauung mit den Aggregatzuständen. Die Fluggeschwindigkeit wird deshalb in den kritischen Punkten praktisch Sprünge machen, deren energetisches Äquivalent durch die Wärmemenge, die zur Änderung des Aggregatzustandes notwendig ist, gedeckt wird.

Nehmen wir an, ein Körper von der Gesamtmasse M besitze N Mole mit der Fluggeschwindigkeit u und der Molekularmasse $\frac{M}{N} = m$. Die kinetische Energie in bezug auf die Fluggeschwindigkeit der Mole wird dann

$$M\frac{u^2}{2} = Nm\frac{u^2}{2}$$

sein.

Nun werde dem Körper so Wärme entzogen, daß er den Aggregatzustand, aber nicht die Temperatur ändert. Mehr, n Mole sollen dann zu einem n moligen Molekül mit der Masse $n\,m$ zusammenschießen. Der Körper besitzt dann nur mehr $\frac{N}{n}$ Moleküle mit der Fluggeschwindigkeit u_1. Durch die Forderung, daß T vor der Wärmeentziehung gleich dem T nach ihr ist, erhalten wir nach Gleichung 3)

32) $$\frac{m\,u^2}{N \cdot \lambda} = \frac{n \cdot m \cdot u_1^2}{\frac{N}{n} \cdot n \cdot \lambda_1}, \quad u_1 = \frac{u}{\sqrt{n}}\sqrt{\frac{\lambda_1}{\lambda}}.$$

Die Werte von λ und λ_1 dürfen hier, wo es sich immer um denselben Körper handelt, nicht vernachlässigt werden.

λ oder λ_1 ist, wie wir an dieser Stelle eliminieren wollen, ein molekularer Mittelwert, denn nicht alle die diskreten Bestandteile eines Moleküls haben die gleiche Frequenz.

Vor der Wärmeentziehung, sagen wir im flüssigem Aggregatzustande, war die Energie der ganzen Masse des Körpers in bezug auf die Fluggeschwindigkeits einer Bestandteile $M\frac{u^2}{2}$, nachher, im festen Aggregatzustande, nur noch

$$M\frac{u_1^2}{2} = \frac{M}{\sqrt{n}} \cdot \frac{u^2}{2}\sqrt{\frac{\lambda_1}{\lambda}}.$$

Die Differenz beider Energien

33) $$S_F = M\frac{u^2}{2}\left(1 - \frac{1}{\sqrt{n}}\sqrt{\frac{\lambda_1}{\lambda}}\right)$$

ist ein Teil der Energie, die aufgewendet oder entzogen werden muß, wenn der Körper vom festen in den flüssigen Aggregatzustand übergeht oder umgekehrt, und zwar der Teil, der auf die Flugenergie entfällt. Hierzu kommt noch die Drehenergie, die sich mit der Flugenergie von selbst vermehrt oder vermindert.

Ein dritter Teil der Schmelz- oder Verdampfungswärme steckt in der Arbeit, die dadurch geleistet wird, daß durch die Vermehrung der Flugenergie nach Gleichung 30) die Attraktionskraft vermehrt wird.

Bei Anwendung von Gleichung 33) ist natürlich für u die höhere Geschwindigkeit zu nehmen.

Einige Beispiele werden das erläutern.

Wir setzten als Fluggeschwindigkeit des Wassers bei 0° C. in der Tabelle des § 5 den Wert von 438 m fest. Dabei war vorausgesetzt, daß das Molekulargewicht des Wassers bei 0° C. etwa 18 ist, wenn das von Wasserstoff = 1 ist; daß Wasser im flüssigen Zustande also zweimolig ist. Denn nach unserer verbesserten Anschauung kann das Wasser höchstens in Dampfform einmolig sein und das relative Molekulargewicht besitzen. Nehmen wir an, das Wasser sei in Dampfform einmolig, in flüssigem Zustande zweimolig und als fester Körper achtmolig, so finden wir nach Gleichung 3) und 7) als Fluggeschwindigkeit der Mole im Eis mit dem Molekulargewicht 72 die Zahl 217 m; nach dem Schmelzprozeß hat die Fluggeschwindigkeit zugenommen auf 434 m beim Molekulargewicht von 18. Bei 100° ist die Fluggeschwindigkeit 508 m. Nach der Verdampfung ist das Molekulargewicht auf 9 gesunken und die Fluggeschwindigkeit auf 718 m gestiegen. Daraus finden wir als den Betrag der Schmelzwärme, der als reine Vermehrung bzw. Verminderung der Fluggeschwindigkeit der Mole resultiert, für das Kilogramm Wasser

$$S_F = \frac{1}{J}\,\frac{M u^2}{2G}\left(1 - \frac{1}{\sqrt{n}}\sqrt{\frac{\lambda_1}{\lambda}}\right) = \frac{434^2}{425 \cdot 2 \cdot G}\left(1 - \frac{1}{\sqrt{\frac{8}{2}}}\right) = 11{,}4 \text{ Kal.},$$

wenn wir $\lambda = \lambda_1$ setzen, und als Verdampfungswärme, wenn wir $\lambda_1 = 1$ und $\lambda = 1700$ setzen

$$S_D = \frac{418^2}{425 \cdot 2 \cdot G}\left(1 - \frac{1}{\sqrt{2 \cdot 1700}}\right) = 51{,}2 \text{ Kal.}$$

Die gefundenen Werte scheinen als Anteile der Verdampfungs- und Schmelzwärme klein. Hierzu kommt aber noch die Energie der Drehbewegung und die Arbeit der Vergrößerung der Attraktionskraft, d. i. der inneren potentiellen Energie des Körpers, die beide den größten Teil der Schmelzwärme und Verdampfungswärme ausmachen müssen, wenn wir beachten, daß die Repulsionskraft mit der dritten Potenz der Fluggeschwindigkeit wächst.

Ein anderes Beispiel.

Blei schmilzt bei 326° C. Es hat, wenn es einmolig ist, ein Molekelgewicht von 205, wenn das Molekül, wie wir in unserer Tabelle § 5 annahmen, zweiatomig ist. Nehmen wir an, es sei im geschmolzenen Zustand zweimolig, im festen Zustande achtmolig, so finden wir als Fluggeschwindigkeit des flüssigen Bleis bei der Schmelztemperatur mit dem Molekulargewicht 410 den Wert 135 m, und daraus als Schmelzwärme in bezug auf die reine Vermehrung oder Verminderung der Fluggeschwindigkeit der Mole nach 33) für 1 kg = 1,1 Kal., wenn wir $\lambda = \lambda_1$ setzen, weil uns exakte Werte dafür fehlen. In der Gleichung ist $n = \frac{8}{2}$. Für andere Werte von n erhält man andere Werte. Als Schmelzwärme des Bleis wird 5,4 Kal. angegeben.

Nehmen wir ähnliche Verhältnisse für Platin an. Platin schmilzt bei 1775° C. Sein Molekelgewicht ist 193. Es sei flüssig zweimolig, und fest achtmolig. Wir finden als Fluggeschwindigkeit des flüssigen Platins bei einem Molekulargewicht von 387 bei der Schmelztemperatur den Wert $\cong$ 256 m, und $S_F = 4$ Kal., wenn $\lambda = \lambda_1$ ist. Angegeben wird als Schmelzwärme der Wert von 27 Kal.

Der Anteil von den Schmelz- und Verdampfungswärmen, den wir aus unserer Gleichung 33) erhalten, beträgt anscheinend gleichmäßig 10—20 % der Gesamtschmelz- und Verdampfungswärme. Durch Veränderung der bzw. n, deren absoluter Wert uns unbekannt ist, könnten wir die Resultate in vollkommenen Einklang mit dieser Ansicht bringen.

Wir besprachen bisher nur exothermale chemische Reaktionen. Andere, endothermale Reaktionen können wir als eine Kombination jener mit einer inneren Dissoziation ansehen.

Wir können uns leider an dieser Stelle nicht weiter auf die interessante Materie einlassen und müssen eine erschöpfende Untersuchung der Gleichung 33) mit Hilfe der Gleichungen des § 10 und exakter Werte der betreffenden Dichten der Körper vor und nach der Aggregatzustandsänderung, die uns ganz fehlen, einer besonderen Arbeit vorbehalten und fahren jetzt in unserer Entwicklung fort.

Chemische Reaktionen erfolgen am besten bei einer gewissen Temperatur, der Reaktionstemperatur, von der wir schon weiter oben eingehend sprachen. Aber auch andersartige Einleitungen der Reaktion sind möglich. So kann ein Stoß die Molekeln an einer Stelle in den günstigen Energiezustand bringen, von der sich dann die Reaktion ausbreitet. Lichtstrahlen, Schallwellen, die Schwingungen dritter, sonst absolut indifferenter Körper sind hierzu ebenfalls imstande; die Erscheinungen der Katalyse werden durch die Interferenztheorie verständlich. Wir müßten sie nach ihr erwarten.

Einer Erscheinung wollen wir jetzt näher treten, die augenblicklich sehr aktuell ist, um zu sehen, ob auch sie in den Rahmen unserer Theorie hineinpaßt.

Jeder Körper sendet Strahlen aus, Niveausphären, die molekularen Bestandteile der Körper, namentlich der festen, sind aber mehr oder weniger miteinander energetisch verkettet, so daß ihre Strahlen gewöhnlich kein scharfes Gepräge haben. Wie es nun Körper gibt, deren Molekeln oder Atome ganz besonders verkettet sind, deren Ausstrahlungen in diesem Sinne ganz besonders verschwommen sind, so wird es auch Körper mit einheitlicherem Aufbau geben, die nur aus Bestandteilen nahezu gleicher Größe bestehen. Solche Körper müssen auch Strahlen scharfen Gepräges in ihre Umgebung senden. Außerdem müssen sie auch eine kleine Schmelzwärme und Verdampfungswärme besitzen. Zu diesen Körpern gehört, so schließen wir weiter, als einer vom gleichmäßigsten Aufbau das Radium.

Die Wellen oder Strahlen des Radiums sind deshalb scharf und präzise. Sie zerfallen in drei Gruppen, in die sogenannten α-, β- und γ-Strahlen. Wir können deshalb annehmen, daß das feste Radium nur dreimolig ist. Die Strahlen durchsetzen die Wellen anderer Körper und die Körper selbst. Wir wollen uns erinnern, nach unserer Theorie setzt sich nur die Bewegung als solche fort, ihr Substrat, die Materie, pendelt nur hin und her. Aber wir dürfen annehmen, daß auch die Strahlen gewöhnlicher Körper vor andern Körpern nicht halt machen, doch sie bieten weder in Präzision noch in Intensität, oder Frequenz Besonderheiten und werden deshalb nicht bemerkt. Dann wird auch infolge der minderen Präzision oder der Verschwommenheit mehr davon absorbiert und reflektiert, weil etwas von den Strahlen einem Teil der des Körpers, der durchdrungen wird, verwandt ist, anderes zu unverwandt um absorbiert, und als Teilbetrag zu schwach ist, um durchzudringen oder seinen Weg zu modifizieren, und deshalb zurückgeworfen, reflektiert wird. Die Radiumstrahlen werden nicht reflektiert und nicht gebrochen. Sie durchdringen also im Sinne der HUYGENS schen Theorie ohne Geschwindigkeitsänderung die Körper, wozu sie imstande sind, weil ihre Energie die der Lichtstrahlen übertrifft. Sie modifizieren dabei die Schwingungen der Körper und machen sie radioaktiv. Nicht die aller, sondern solcher, deren Molekelenergie und Mittelfrequenz sich besonders dazu eignen. Andere Körper zerfallen durch Radiumstrahlen, weil sie einen Energieeingriff in ihre molekulare Struktur nicht vertragen. Die Molekeln verlieren dabei das energetische Gleichgewicht, nur Körper bilden sich durch die Radiumstrahlen oder werden aus andern Verbindungen frei. So das Helium. Diese Wirkungen gehören ins Gebiet der Katalyse und sind an sich nichts außergewöhnliches. Durch solche Vorgänge in der Umgebung des Radiums kann es sich erwärmen. Der Äther in seiner Umgebung kann sich ebenfalls zersetzen. Was das zu bedeuten hat, werden wir im nächsten Paragraphen bei Besprechung elektrostatischer Vorgänge kennen lernen. Das Radium erwärmt sich nach unserer Theorie also fortwährend auf Kosten seiner Umgebung, wie mehr oder weniger alle Körper. Durch Absorption anderer Strahlengattungen, die es nach unserer Theorie unzählbare gibt, wird die Erwärmung event. unterstützt. Daß durch Radiumstrahlen die Luft leitend für Elektrizität werden kann, wird uns im § 13 plausibel erscheinen.

Radium ist selbstleuchtend. Das kann nicht daran liegen, daß die Frequenz der Radiumstrahlen annähernd die der Lichtstrahlen haben, denn dann müßte es hellleuchtend sein, wohl aber daran, daß diese Strahlen den Sehnerven mechanisch reizen.

Wir sehen, unsere Theorie vermag das Phänomen des Radiums zu fassen, dessen Besonderheit nach ihr nicht darin besteht, daß es strahlt, sondern darin, daß er Strahlen aussendet, die man von andern Strahlen unterscheiden kann.

Das, was wir über Ionen und Ionenreaktionen zu sagen haben, könnten wir an unsere Bemerkungen über Katalyse anschließen. Wir ziehen aber vor, darauf im nächsten Paragraphen nochmal kurz zurückzukommen.

Der Gewinn durch unsere Theorie ist auf chemischem Gebiet aber vorläufig nur ein erkenntnistheoretischer. Sie bedarf hier einer durchgreifenden Vertiefung, ehe sie z. B. den bewundernswerten praktischen Erkenntnisschatz der Chemie der Kohlenstoffverbindungen praktisch erweitern kann. Wir wollen aber hier wenigstens andeuten, in welcher klaren Weise unsere Theorie die Tatsachen dem Verständnis nahe bringt, die man sich in der Kohlenstoffchemie durch die Strukturformeln isomerer und stereomerer Verbindungen plausibel macht.

Die meisten Elementarmoleküle, unsere einmoligen Molekeln sind aus Atomen etwas verschiedener Größe zusammengesetzt und energetisch verkettet. Während die einmoligen Molekeln der Elemente gewöhnlich aus zwei Atomen bestehen, sind nun im Kohlenstoffmolekül vier davon verkettet. Wie dadurch die Mannigfaltigkeit der Möglichkeit chemischer Verbindungen ins Ungemessene steigt, zeigt folgende Überlegung.

Die vier Kohlenstoffatome sind etwas verschiedener Größe und haben deshalb verschiedene kinetische Energien. Wie bei jedem Element kann sich jedes einzelne davon mit einem andersartigem Atom energetisch verketten, das dann in dem Gesamtmolekül mit aufgenommen wird, oder aber das Gesamtmolekül reagiert als Ganzes auf ein anderes Molekül oder eine andere Atomgruppe. Es möge sich so mal der Grundkörper der Fettreihe, CH_4, und der der aromatischen Reihe, C_6H_6, gebildet haben. Substituieren wir im Methan für ein H ein Cl, so erhalten wir CH_3Cl. Nach unserer Theorie müßte es nun schon vier steromere Sorten von Chlormethan geben, denn es ist nicht gleichgültig, welches der vier H durch ein Cl ersetzt wird, weil die vier verschiedenen Energiegehalts sind. Von CH_2Cl_2 müßte es schon zwölf, von $CHCl_3$ schon vierundzwanzig stereomere Modifikationen geben. Aber sowohl die H-Atome als die Cl-Atome sind je nach unserer Theorie auch nicht gleich groß, so daß zur Reaktion eine gewisse ausgleichende Auslese statthaben kann. Die Existenzmöglichkeit stereomerer und isomerer Modifikationen ist uns aber sofort klar. Ebenso die der syn- und anti-Formen stereomerer Verbindungen. Wir müssen sogar annehmen, daß die mögliche Anzahl davon, die Legion ist, durch die oben erwähnten regulierenden Einflüsse und durch unsere weiter oben erwähnte Selektion der geeignetsten beschränkt wird.

Durch die Kräftekonstellationen der vielfach verketteten Molekeln erhält der Körper eine gewisse Struktur. Durch diese in Verbindung mit einem Aggregatzustand, der nahe dem Zersetzungspunkt, oder, was dasselbe ist, dem Schmelzpunkt liegt, wird in unserer Theorie das Wesen des eigenartigen Zwischen-Aggregatzustandes gekennzeichnet, den man Geleekonsistenz nennt. Hierin behält der Körper so lange seine Form bei und kehrt aus Formänderungen in sie zurück, bis seine Struktur mechanisch zerstört wird.

Auf Reaktionen durch den elektrischen Strom kommen wir im nächsten Kapitel zu sprechen.

Wir wollen uns im folgenden Paragraphen zunächst bemühen, die Natur des elektrischen Stromes und verwandter Erscheinungen verstehen zu lernen.

13.

Die Mechanik der Elektrizität und des Magnetismus.

Das Thermoelement. Elektromagnetismus. Nord- und Südpol. Erdmagnetismus. Elektrische Induktion. Statische Elektrizität. Positive und negative Elektrizität. Der Funken. Das galvanische und das sekundäre Element. Elektrisch geladene Ionen. Magnetisches Eisen.

Wenn wir es hier unternehmen wollen, auch elektrische und magnetische Vorgänge im Sinne unserer Theorie in rein mechanische Kraftäußerungen des Äthers aufzulösen, so machen wir uns doch vornherein klar, daß es sich zunächst nur um eine rohe, mehr beschreibende als definierende Skizzierung einer elektromechanischen und magnetomechanischen Interferenztheorie handeln kann. Eine Detaillierung der Theorie muß für später vorbehalten bleiben. Uns kommt es ja hier vorerst nur darauf an, die Möglichkeit einer rein mechanischen, ganz einheitlichen Auffassung der Naturkräfte darzutun und Berufene zur Mitarbeit an der Ausarbeitung und Vertiefung der Interferenztheorie zu interessieren.

Nach unserer Theorie ziehen sich infolge ihrer kinetischen Energie alle Elementarteilchen mehr oder weniger an. Eine Folge davon ist, daß sich alle Körper mit einer dichteren Gas- und

Ätherhülle umgeben müssen. Die Bedeutung der letzteren als maßgebenden Faktor für die Aggregatform der Körper und Energieregulator bei chemischen Reaktionen haben wir in § 8 und § 12 kennen gelernt, erstere in § 11 erwähnt.

Hier wollen wir uns nun nochmals mit den Ätherhüllen als solchen beschäftigen und zeigen, daß sie, wenn sie vorhanden sind, auch Wirkungen im Gefolge haben müssen, die wir elektrische und magnetische nennen.

Der **U** förmig gebogene Metallstab *S* in Fig. 15 ist von der Ätherhülle *H* umgeben, ebenso der die beiden freien Enden des Stabes verbindende Draht *d*. Die Ätherhülle müssen wir uns als ein feines, äußerst empfindliches Häutchen vorstellen, das Störungen in seiner Gleichgewichtslage sehr schnell auszugleichen sucht. Wird der Gleichgewichtszustand von *H* an irgend einer Stelle von *S* oder *d* erschüttert, wozu eine gewisse Energiemenge aufgewendet werden muß, so wird er zunächst aus benachbarten Teilen ausgeglichen und von da wieder aus benachbarten Teilen; die Störung verbreitet sich als Welle über das ganze Häutchen nach beiden Seiten von der Störungsstelle aus. Wir können annehmen, zwei Teilwellen gehen von der Störungsstelle aus, die sich, wenn *S* und *d* ganz gleichmäßiger Art ist, auf halbem Wege zur Störungsstelle treffen, unser Stab ist ja in sich geschlossen, und weiter, zurück zur Störungsstelle, fortschreiten. Es bilden sich zwei stehende Schwingungsstellen im Häutchen um den ganzen Stab und den Draht herum, die in entgegengesetzter Richtung das System umkreisen. Die Wellenbewegung im Häutchen kommt erst zur Ruhe, wenn die Energie, die die Bewegung verursacht, an die Nachbarschaft des Häutchens abgegeben ist, etwa an den Stab *S* und den Draht *d*. Die Energie beschleunigt hier die Elementarteilchen der Materie und findet sich damit als Wärme wieder. Die Schwingungen der Wellenbewegungen im Häutchen haben nun

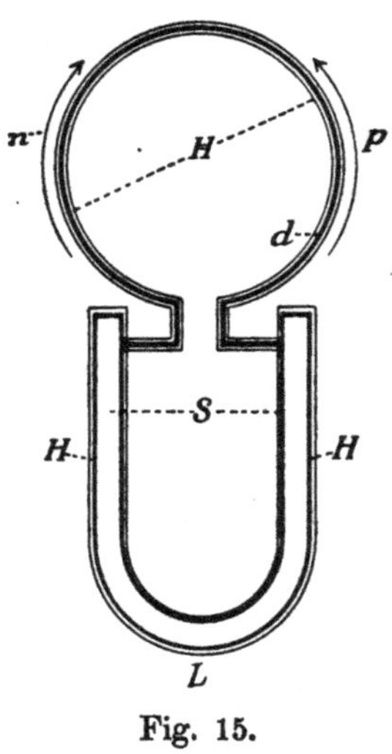

Fig. 15.

das zur Folge, was alle Schwingungen nach § 6 unserer Entwicklung im Gefolge haben, sie rufen Kräfte wach, die wir als Anziehungskräfte wahrnehmen.

Eine Besonderheit zeichnet diese Schwingungen aber vor den Schwingungen von Stoffteilen aus und dadurch zeigen sie auch Besonderheiten in ihren Anziehungswirkungen. Es sind Longitudinalschwingungen längs eines materiellen Stoffes, des Schwingungsleiters *S* bzw. *d* (Fig. 15), an dem sie sich fortpflanzen. Betrachten wir zwei Fälle, in denen die besonderen Anziehungswirkungen zum Ausdruck kommen.

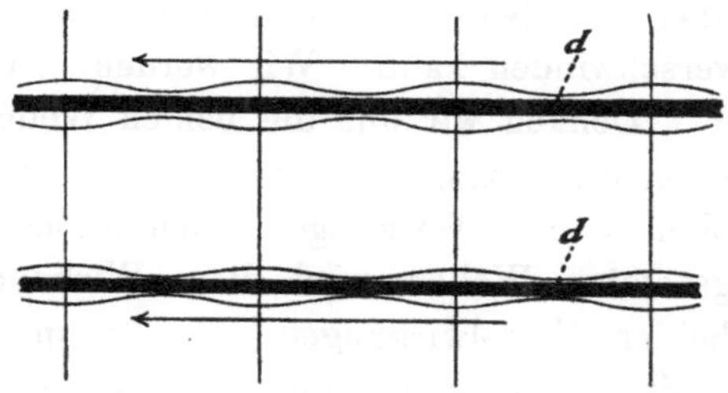

Fig. 16.

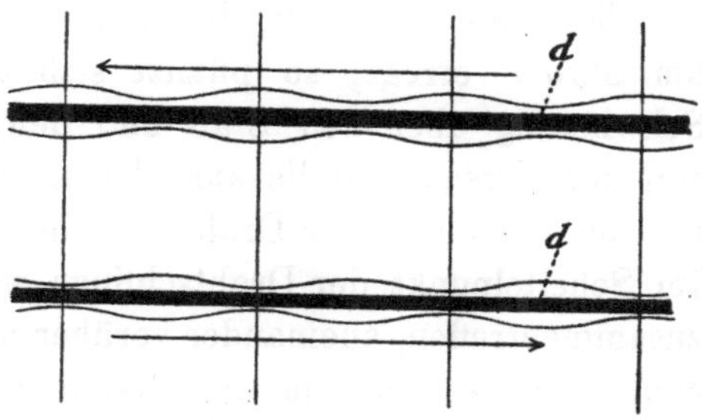

Fig. 17.

In Fig. 16 laufen die Schwingungsleiter d_1, d parallel nebeneinander her. An ihnen mögen Ätherwellen von beliebiger energetischer Stärke in der Pfeilrichtung, also gleich gerichtet dahingleiten. Den dazwischen liegenden freien Äther können wir uns als feststehend denken. Wir bemerken an der Figur ohne weiteres, daß der freie Äther durch die gleich gerichteten Ätherlängsschwingungen verstärkte Schwingungsimpulse erhält, und daß sich deshalb nach unserer Entwicklung in § 6 die beiden Leiter oder deren Ätherhüllen oder beide zugleich anziehen müssen. In der Fig. 17 dagegen sind die Ätherwellen in der Ätherhülle entgegengesetzt gerichtet, sie schwächen sich und die Schwingungsimpulse auf dem freien Äther zwischen sich aus denselben Gründen, aus denen sich gleich gerichtet ihre Wirkungen verstärkten und können bei gleicher energetischer Größe jede Wirkung auf den Äther zwischen den Schwingungsleitern verlieren und damit auch nicht zur Entstehung einer besonderen Anziehungskraft zwischen den Schwingungsleitern Veranlassung geben. Wir wollen zusammenfassen.

Gleich gerichtete Ätherwellen in den Ätherhüllen der Materie bewirken eine Anziehungskraft zwischen den Wellenleitern. Entgegengesetzt gerichtete Ätherwellen, von gleichem energetischen Wert, bewirken keine Anziehungskraft zwischen den Wellenleitern. Durch komponentale Kräfte kann aus der letzteren negativen Wirkung eine Abstoßung resultieren.

Bei ungleicher energetischer Größe der entgegengesetzt laufenden Ätherwellen bleibt natürlich ein positiver Zug bestehen, der aber trotzdem gegen eine größere Komponente in anderem Sinne verschwinden kann. Wir werden das an einem Beispiel prüfen.

Denken wir uns die beiden Wellenleiter d_1 d (Fig. 16 und 17) in einem zusammenhaltend, so werden sich bei gleich gerichteten Wellen ihre Wirkungen nach außen summieren, bei entgegengesetzten Wellen wird diese Wirkung die algebraische Summe beider Einzelwirkungen sein, wenn wir die eine Richtung die positive, die andere die negative nennen.

Kehren wir nun zu unserer Fig. 15 zurück.

Wird die Ätherwelle durch einen Energieeingriff bei L (Fig. 15) am Stab S erregt, so pflanzt sich die Welle in longitudinaler Schwingung über den Stab und den Draht nach beiden Seiten von der Erregungsstelle aus gleichmäßig fort. Wir nehmen hier an, der Stab und der Draht sei aus ganz gleichartigem Material. Im Scheitelpunkt der Drahtschlinge werden die beiden Teilwellen zusammentreffen, aneinander vorüber und zur Erregerstelle zurückgehen und von neuem das System umkreisen, bis ihre Energie sich in der angedeuteten Weise in eine andere Form umgesetzt hat. Nach außen wird die Wirkung der Doppelwelle im Drahtscheitel und bei L gleich Null sein, da hier ihre algebraische Summe gleich Null ist. An den andern Stellen dagegen wird eine kleine Wirkung übrig bleiben, da hier die eine die andere Welle überwiegt. Die Wirkung wird sich z. B. in einer gewissen Anziehungskraft auf benachbarte Körper bemerkbar machen.

Wir könnten die Wirkung der Ätherwelle in einem größeren Betrage erhalten, wenn wir den einen Zweig der Doppelwelle, etwa den in Fig. 18 mit n bezeichneten, ganz vernichten oder doch so unwirksam machen würden, daß der andere Zweig, der p-Zweig in unserer Figur, allein in seinem vollen Betrage die Drahtschlinge passiert. Eine hierzu geeignete Vorrichtung ist in Fig. 18 angedeutet.

Der Stab S ist bei L geteilt und zur Hälfte mit einem guten Wellenleiter, zur andern aus einem schlechten Wellenleiter hergestellt, um den die Ätherwelle bald als solche zum größten Teil verschwindet und sich in Wärme umsetzt. Erregen wir jetzt bei L den Stab, etwa durch eine Wärmequelle, so wird die Teilwelle p ungehindert zur Drahtschlinge enteilen und dort nach außen wirken können, während die Teilwelle n zum größten Teil als Welle verschwindet.

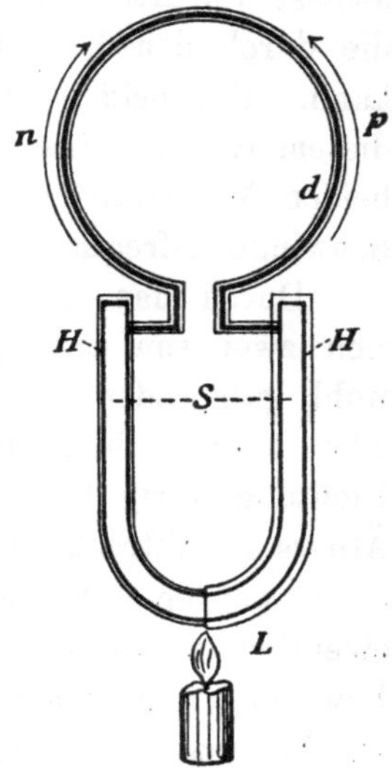

Fig. 18.

In Fig. 18 haben wir ein Thermoelement und in der Teilwelle p einen elektrischen Strom. Wir wollen die Vergleiche der Ätherwelle und ihrer Wirkungen mit dem elektrischen Strom und dessen Wirkungen noch weiter durchführen, um zu zeigen, daß sie sich decken. Wir sehen hier beiläufig, wie ungeeignet in diesem Falle das Thermoelement zur Erzeugung elektrischer Ströme ist, da ein Teil der Energie darin vernichtet werden muß, um es wirksam zu machen. Dem gleichen Übelstand werden wir beim elektrischen Element begegnen, während die Dynamomaschine davon frei ist.

Wir sagten eben, die beiden Teile eines Thermoelements müßten in ihrer Leitungsqualität möglichst verschieden sein, damit die relativ größte Wirkung erzielt wird. Das stimmt nur ungefähr mit den Eigenschaften der thermoelektrischen Spannungsreihe überein, die man aufgestellt hat. Aber bei den geschilderten Vorgängen spielen noch sekundäre Wirkungen eine Rolle, auf deren einige wir hier näher eingehen wollen.

Der Äther besteht ebensowenig wie die chemischen Elemente aus genau gleich großen Stoffteilen, ihre Größen werden vielmehr zwischen der kleinsten und nahezu der eines Wasserstoffatoms schwanken. Die verschiedenen Größen werden sich aber durch energetische Verkettung gleichmäßig verteilen, es entsteht quasi eine Ätherverbindung in chemischem Sinne. Aus dieser Verbindung können die Ätherbestandteile durch die Eigenschwingungen der Materie mehr oder weniger gelöst werden. Jede Sorte Materie umgibt sich deshalb mit einer sortierten Größenauslese von Ätheratomen, mit einer besonderen Ätherverbindung, die durch den Energiereiz bei *L* event. noch verändert werden kann. Die beiden von *L* ausgehenden Wellen haben schon aus diesem Grunde einen verschiedenen Charakter, jede einzelne der beiden Wellensorten hat eine andere Energie bei einer andern Schwingungsfrequenz.

Durch das Zusammenwirken beider Eigenschaften können sich zwei von entgegengesetzter Seite kommende Wellen sehr wohl ganz oder zum Teil energetisch auslöschen, so daß mehr oder weniger hierdurch allein schon ein Ätherstrom in einer Richtung übrig bleiben kann, wenn auch noch Teile des freien Äthers in Mitreaktion auf Kosten der Energiequelle bei *L* versetzt werden. Seiner Natur nach müßten wir den Vorgang eigentlich einen chemischen nennen, so daß wir bei energetischen Bewegungen in den Ätherhüllen der Körper, oder bei elektrischen Erscheinungen dynamische und chemische Äthervorgänge auseinander halten könnten und müßten, die sich gleichzeitig abspielen. Die Verhältnisse sind daher recht komplizierte und wir begnügen uns hier mit dem Hinweis darauf und halten uns bei strömender Elektrizität der Einfachheit halber nur an die dynamischen Ätherbewegungen, und machen uns auch so die Entstehung eines Stromes im Thermoelement plausibel. Zur Erklärung der Erscheinungen der statischen Elektrizität werden wir uns dagegen mehr an die chemischen Ätheränderungen halten müssen. Nach dieser Abschweifung fahren wir in unserer Entwicklung fort.

Was haben wir uns nun im Rahmen der Interferenztheorie unter einem guten und einem schlechten Leiter vorzustellen?

Ein guter Leiter wird nach der Interferenztheorie der sein, der einen festen, geschlossenen molekularen Zusammenhang hat und der deshalb auch eine glatte Ätherhülle besitzt, die Gleichgewichtsstörungen leicht fortleitet, ohne die unter ihr liegenden Atome des Körpers stärker zu beeinflussen. Ein schlechter Leiter wird dagegen ein Körper ohne kompakten Zusammenhalt sein. Zu den letzteren gehört auch Glas und verwandte Gebilde, die nach QUINCKE schaumige Struktur besitzen, bei denen der Äther daher nicht nur an der Oberfläche, sondern auch in zahlreichen Poren des Körpers ansitzt. Eine Ätherwelle wird den Äther der Poren mitschwingen lassen und bald ihre Energie an die Molekeln des Körpers abgegeben haben.

Der Weg einer Ätherwelle kann geöffnet und geschlossen werden, je nachdem seine gutleitende Bahn unterbrochen oder wiederhergestellt wird.

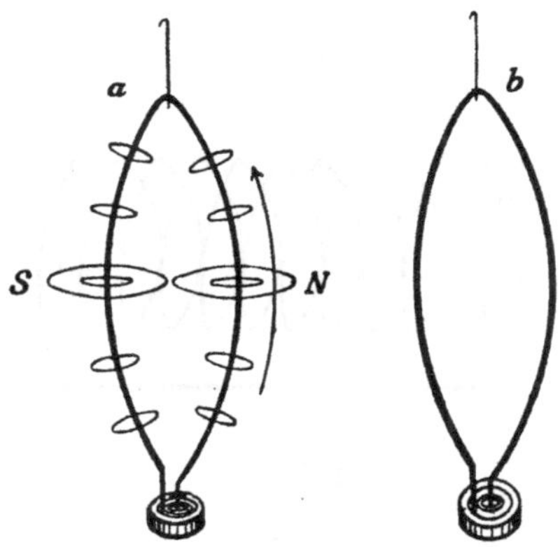

Fig. 19.

Wir wollen nun zusehen, wie durch unsere Ätherwelle, wie durch einen elektrischen Strom an einem Drahtkreis ein Nord- und ein Südpol entstehen kann und wie eine Ätherwelle durch Induktion eine andere genau so hervorrufen kann, wie ein elektrischer Strom hervorgerufen wird.

Der Drahtkreis *a* (Fig. 19) möge im Pfeilsinne von Ätherwellen durchlaufen werden.

Es müssen sich nach unserer Entwicklung in § 6 Niveausphären um jede einzelne Welle bilden, die sich durch das Zusammenwirken aller Wellen auf den Wellenleiter zu Niveauflächen formieren, die die geometrische Form des Wellenleiters besitzen. Die Niveauflächen eines geraden Leiters werden Zylinderform haben.

Die Niveauflächen müssen sich in dichteren Medien, die sie durchdringen, dichter folgen als in dünnern. Dichtere Medien müßten deshalb eine größere Permeabilität zeigen als dünnere. Hierbei spielen aber noch besondere Eigenschaften einiger Materien eine Rolle, auf die wir beim Magnetismus zurückkommen.

Die Niveauflächen können wir ebenso als eine besondere Strahlengattung auffassen, wie die Strahlen des Radiums. Es ist uns klar, daß sich diese beiden Strahlengattungen teilweise durch Interferenz stören müssen, wenn sie sich treffen.

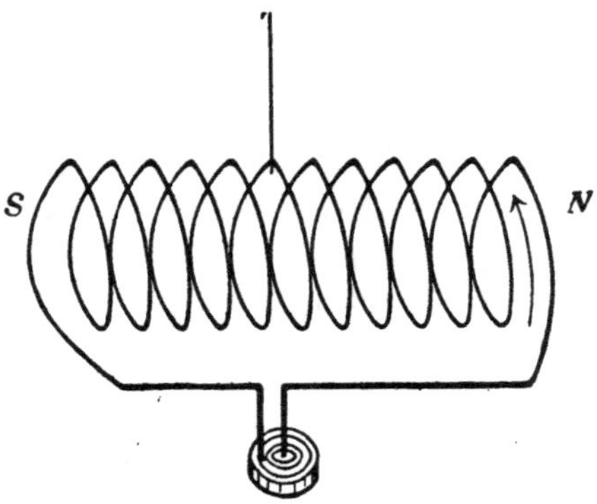

Fig. 20.

Den Begriff der Niveauflächen kennt ja auch die Elektrizitätslehre. Jede einzelne Welle übt auf Körper in der Nachbarschaft durch ihre Wellensphären Anziehungskräfte aus, weil ihre Wellen mit den Wellen des Körpers interferieren. Am größten werden die Anziehungskräfte dort sein, wo sich die Kräfte aller Wellen summieren, also in der Linie, die durch das Zentrum des Kreises geht und auf der die Kreisebene senkrecht steht. Wir können sagen, zu beiden Seiten des Kreises ist seine Anziehungskraft am größten. Das trifft da praktisch vollkommen streng zu, wenn der Kreis kleiner und die Anziehungskräfte durch Vermehrung der Kreisringe, durch ein Selenoid groß sind, wie in der Abbildung Fig. 20.

Die Anziehungskräfte der beiden Seiten der Kreisfläche, von der wir die eine, die linke, wenn man sich mit der Ätherwelle schwimmend denkt und das Gesicht dem Kreisinnern zudreht, *N*, und die andere *S* nennen wollen, also die Anziehungskräfte beider Seiten *N* und *S* der Kreisfläche sind in der Qualität ihrer Anziehungskräfte nicht verschieden, sie zeigen aber einen relativen Qualitätsunterschied. Wir haben auf Seite 115 dieses Paragraphen gesehen, daß gleich gerichtete Ätherwellen sich mehr anziehen als entgegengesetzt gerichtete. Senden wir nun durch den Leiterkreis *b* eine Ätherwelle oder einen Strom davon, dessen Richtung dem des Stromes in *a* entgegengesetzt ist, so daß auf der *a* zugekehrten Seite von *b* das magnetische Feld entsteht, das wir bei *a* mit *N* bezeichneten, so werden die sich zugekehrten Drahtkreise gar keine anziehende Wirkung aufeinander ausüben, sofern die Ätherwellen gleiche energetische Größe haben. Die *N*-Seite von *a* zieht aber die *S*-Seite von *b* und die *N*-Seite von *b* die *S*-Seite von *a* an aus denselben Gründen, aus denen die *N*- und *S*-Seiten sich gegenseitig nicht anziehen. Sind die beiden Drahtkreise drehbar aufgehängt, so werden sie sich deshalb ihre entgegengesetzten Seiten zuzudrehen suchen, oder, was dasselbe ist, die Ätherströme werden sich parallel und gleich gerichtet zu stellen suchen.

Auch die Erde wird von Ätherwellen umkreist. Sie dreht sich von Westen nach Osten im freien Äther, wodurch ihre Ätherhülle oder der Äther in den höheren Luftschichten auf Kosten der Erdenergie energetisch beeinflußt wird. Es wird in ihr ein Wellenstrom von Osten nach Westen fließen. Und zwar in den höheren Luftschichten stärker als in den tieferen. In der Tat hat man ähnliches durch Messungen im Luftballon gefunden. Dadurch entstehen besondere Anziehungskräfte, die an den Polen der Erde etwa ihre Pole haben. Der Qualität nach muß am Südpol der Erde eine Anziehungskraft entstehen, die wir *N* nannten und umgekehrt.

Eine frei hängende, von Ätherwellen durchströmte Drahtspule oder ein Drahtkreis wird deshalb seine *N*-Seite nicht nach dem Südpol der Erde, sondern von diesem ab dem Erdnordpol zu drehen.

Die Ätherwellen müssen dieselben Wirkungen der Induktion in benachbarten Leitern zeigen, wie der elektrische Strom. Wird die Drahtschlinge *a* (Fig. 19) von einem konstanten Ätherwellenstrom umflossen, so befindet sich die Drahtschlinge *b* in einem konstanten Kraftfeld. Die Niveausphären gleiten zwar an ihr vorüber, sie haben aber an derselben Stelle stets dasselbe Potential, geben also der Ätherhülle der Drahtschlinge keine energetischen Impulse. Sobald sich aber die Intensität des Kraftfeldes ändert oder dessen relative Qualität durch Änderung der Ätherwellenstromrichtung oder durch Drehung von *b* umgekehrt wird, wird ein Ätherwellenstrom in Drahtschlinge *b* durch Rückwirkung der Niveauflächen auf deren Ätherhülle induziert werden müssen, ganz wie bei elektrischen Strömen.

Die Wirkungen der Selbstinduktion könnten wir ebenso leicht aus unseren Ätherwellen ableiten. Von den Wärmewirkungen haben wir schon gesprochen.

Soweit ist die Analogie zwischen den Ätherwellen der Interferenztheorie und den elektrischen Strömen zwanglos vollkommen; Grund genug, um sie auch da zu suchen, wo sie nicht ohne weiteres klar ist.

Daß man auch durch Reibung Ätherwellen auf Leitern und Nichtleitern erregen kann, leuchtet ein. Es ist auch plausibel, daß diese Wellen besonders hohe Frequenz oder Spannung besitzen können. Man unterscheidet aber eine besondere Harz- und Glasqualität der Ätherwellen, eine positive und eine negative Elektrizität. Zur Erklärung dieser Phänomene reichen die Annahmen rein dynamischer Vorgänge im Äther nicht aus, wir müssen die Erscheinungen der statischen Elektrizität vorwiegend den chemischen Änderungen im Äther zuschreiben, die wir schon weiter oben skizzierten. Wir wollen uns deren Wesen an den markantesten Beispielen der statischen Elektrizitätslehre klar zu machen versuchen.

In der Fig. 21 liegen drei Platten übereinander, die beiden Metallplatten *a* und *c* und dazwischen das Dielektrikum *b*. Wir elektrisieren die Platte *c*. Heben wir die Platte *a* am isolierten Handgriff jetzt ab, so erweist sie sich als unelektrisch. Berühren wir sie dagegen vor dem Abheben mit der Hand, so ist und bleibt sie elektrisch, und zwar in einer Qualität, die der der Platte *c* entgegengesetzt ist. Diese merkwürdige Influenzerscheinung vermögen wir mit den energetischen Wirkungen der Ätherwellen an sich nicht zu fassen, wohl aber mit deren chemischen Nebenerscheinungen. Der Einfachheit wegen wollen wir annehmen, die Platten *a* und *c* seien aus demselben Material.

Sind die Platten unelektrisch, so wird deren Ätherhülle im chemischen Sinne aus einer leicht zerfallbaren Ätherqualität bestehen, deren energetische Zusammensetzung sich mit den Eigenschwingungen der Platten in einen Gleichgewichtszustand zu setzen vermag. Jetzt wird die Platte *c* elektrisiert, ein Plus von Energie wird ihrer Ätherhülle zugeführt und dadurch die normale

Fig. 21.

Ätherverbindung auf der Oberfläche der Platte zum Teil dissoziiert. Die Ätherhülle besteht jetzt aus einer andern Ätherverbindung, die sich mit der Zeit zwar aus dem benachbarten freien Äther wieder regeneriert, vorläufig aber wegen ihrer geringen Affinität selbständig bestehen bleibt. Sie besitzt eine große Affinität zu dem ihr durch die energetische Kraft der elektrisierenden Ätherwelle entrissenen Teil ihrer normalen Konstitution. Dieser aber ist im benachbarten freien Äther stärker gebunden.

Legen wir nun auf die Platte *c* durch das Dielektrikum getrennt die Platte *a*, so wird von *c* deren Ätherhülle angezogen; vornehmlich aber der Teil, der der Hülle von *c* entrissen worden ist. Es kommt zur Dissoziation bei *a*. Das eine Dissoziationsprodukt sammelt sich *c* gegenüber an, das andere, von gleicher Qualität wie das bei *c'*, auf der entfernten Seite. Entfernt man *a* bald wieder von *c*, so vereinigen sich beide Teilprodukte wieder und die Platte *a* zeigt keine besonderen Eigenschaften. Bietet man aber dem nicht angezogenen und nicht festgehaltenen Teilprodukt einen Leiterweg, z. B. zur Ätherhülle der Erde, so entfernt es sich von der Platte und läßt diese in einem besonderen Zustand zurück, den man *c* entgegengesetzt elektrisch nennt. Die Eigenschwingungen des Dielektrikums *b* werden eine große Rolle in bezug auf die Quantität der gebundenen Energiemengen spielen. Man wird deshalb verschiedene Qualitäten davon unterscheiden können, die wieder mit ganz bestimmten Metallen die besten Resultate geben müssen.

Wir sehen, die rein dynamische Wirkung der Ätherwellen spielt auch bei diesen Vorgängen die Hauptrolle, wahrnehmbar sind aber wegen des statischen Charakters der Elektrizität nur ihre chemischen Nebenwirkungen.

Wir können jetzt verstehen: Es gibt zweierlei statische Elektrizitäten, die sich gegenseitig anziehen. Und es gibt nur zwei Elektrizitäten, weil man Elektrizität nur die Wirkung eines besonderen Zustandes der Ätherhülle nennt, nicht den Zustand selbst, der viele Formen annehmen kann. Die Wirkung, also die Elektrizität, wird bei denselben Körpern in gewissen Grenzen immer denselben Charakter haben.

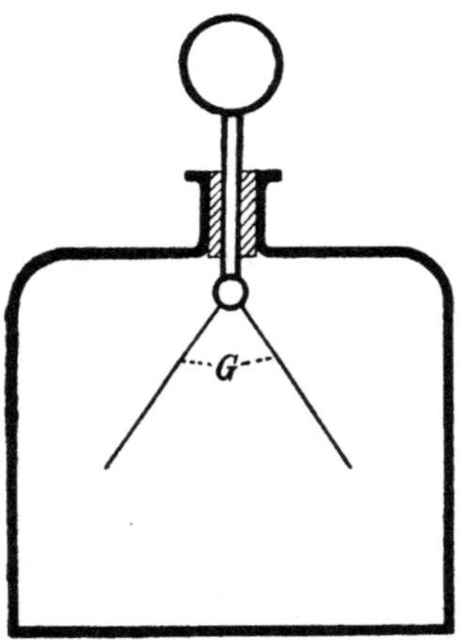

Fig. 22.

Man kann sich auch verständlich machen, daß gleichnamige Elektrizitäten sich scheinbar abstoßen.

Das Goldblättchen des Elektroskops Fig. 22 hängen in ungeladenem Zustande zusammen. Nähert man nun den Knopf des Elektroskops einem elektrisierten Körper, so wird, wie wir sahen, die Ätherhülle des Knopfes und der Goldblättchen dissoziiert und das eine Dissoziationsprodukt ladet die Goldblättchen.

Einesteils werden dadurch besondere Anziehungskräfte gegen die Wände des Elektroskops wachgerufen. Dann aber beginnt sich das Dissoziationsprodukt an den Goldblättchen sofort aus dem freien Äther der Umgebung zu regenerieren. Der freie

Äther ist nun im Verhältnis zum Äther der Ätherhülle des Goldblättchens sehr dünn, es gehören mithin zur Regeneration größere Volumina. Ist dem Äther der nächsten Umgebung der zusammenhängenden Goldblättchen jener Teil entzogen, der ihrer Ätherhülle zur Ausgleichung ihres elektrischen Zustandes fehlt, so werden die Goldblättchen weiter vom verbrauchten gegen den unverbrauchten Äther fortschreiten, sofern sie leicht genug sind. Die Goldblättchen entfernen sich voneinander.

Ähnlich kommen ähnliche Erscheinungen zustande, die in ihrer Gesamtheit den Anschein erwecken, daß gleichartige Elektrizitäten sich abstoßen.

Noch eine Erscheinung der statischen Elektrizität, die aber auch die dynamische erkennen läßt, wollen wir flüchtig streifen, um dann wieder zu realer Vorstellbarem überzugehen.

Stellen wir einen mit hochgespannter Elektrizität, mit Ätherwellen großer Schwingungsfrequenz geladenen Induktor J (Fig. 23)

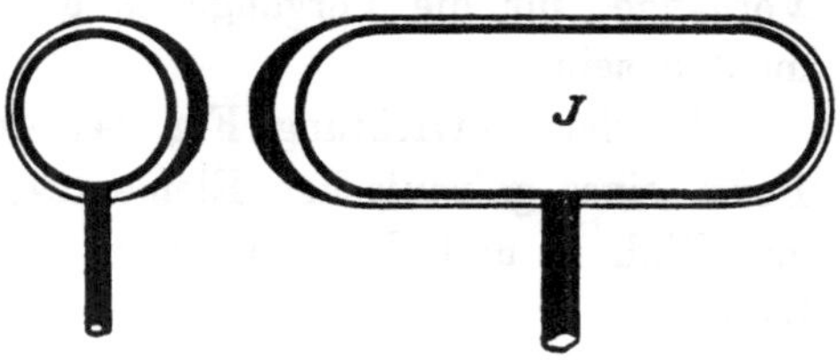

Fig. 23.

einen anderm ungeladenen zur Erde abgeleiteten gegenüber, so wird aus der Ätherhülle des letzteren das Dissoziationsprodukt heftig angezogen, das der Ätherhülle des Induktors J durch die Elektrisierung fehlt. Sind die Kräffte stark genug, so werden die Ätherhüllen überströmen oder gar Teile davon überspringen, ein Vorgang, der erleichtert wird, wenn die Leiter in Spitzen auslaufen. Die Schwingungsfrequenz der überspringenden oder überströmenden Teile kann dabei so gesteigert sein, daß unsere Netzhaut darauf reagiert.

Die Luftschicht zwischen den beiden Induktoren kann auch dadurch überbrückt oder leitend gemacht werden, daß sie in Schwingungen versetzt wird, die zu der der dissoziierten Ätherhülle oder den Induktoren selbst in jenem Verhältnis steht, das wir im § 11 und § 12 als zur Einleitung einer molekularen Mischung notwendig erkannt haben. Dies kann durch Durchsetzung der Luft mit gewissen Strahlensorten geschehen, z. B. vom Radium. Die Ätherhüllen gehen dann sozusagen in Lösung. Die Rolle des Radiums ist dabei eine katalytische. Auch andere Dialektrika werden durch solche Bestrahlung leitend.

In der Atmosphäre können sich Teile davon durch gegenseitige Reibung oder ungleichmäßige Erwärmung mit in diesem Sinne dissoziierten Ätherhüllen umgeben und elektrische Eigenschaften zeigen, die durch Zuströmen von Dissoziationsprodukten aus der Ätherhülle der Erde, aus den Spitzen der Blitzableiter z. B. unter Lichterscheinungen paralysiert werden können.

Wenden wir uns wieder den einfacheren Wirkungen der dynamischen Elektrizität zu.

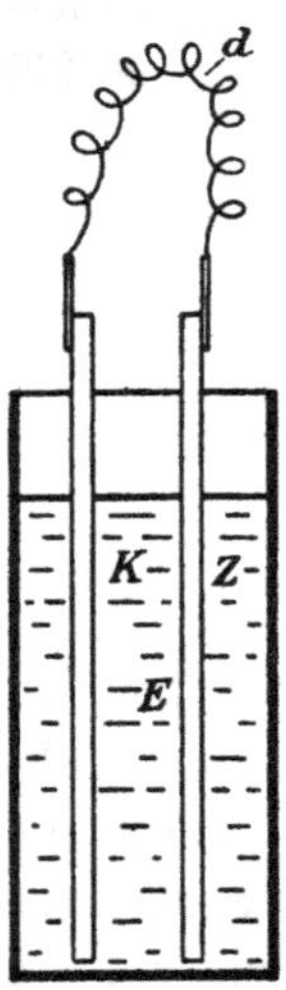

Fig. 24.

Verhältnismäßig sehr einfach kann die Erklärung der Interferenztheorie für elektrolytische Vorgänge, für die Vorgänge in galvanischen Elementen sein.

In der Vorrichtung Fig. 24, der einfachsten Form eines galvanischen Elementes, befinden sich das Zink *Z* und das Kupfer *K* in dem Elektrolyten *E*.

Wir wissen aus unseren Ausführungen in § 11 und § 12, daß nach der Interferenztheorie ein Körper in seiner Zusammensetzung energetisch gegen die Kräfte seiner Umgebung im Gleichgewicht steht. Wenn das Gleichgewicht durch neue Kräfte gestört wird, so kann sich seine Zusammensetzung ändern. Elektrolyte sind nun Flüssigkeiten, deren Zusammensetzung in diesem Sinne nicht so stabil ist, daß sie gewissen Kräften widersteht und die deshalb durch diese Kräfte in ihrer Zusammensetzung geändert werden können. In einer solchen Flüssigkeit steht nun unser Kupfer und Zink. Wir können annehmen, daß ihre Ätherhüllen sie auch in der Flüssigkeit umgeben, so daß die Flüssigkeit diese direkt berührt. Eine Folge wird sein, daß die Eigenschwingung der Flüssigkeit die Ätherhüllen der Metalle energetisch reizt, wie die Flamme die Ätherhüllen der Metalle im Thermoelement Fig. 18 reizt.

Die Stärke der Reizung wird von den Eigenschwingungen der Metalle abhängen.

Die Reizung erzeugt Sonderwellen, Ätherwellen an den Oberflächen der Metalle zunächst in der Flüssigkeit. Die Wellen verbreiten sich dann über das ganze Metall und gelangen von hier in den Schließungsdraht *d*. Sind die beiden Metalle durch den Draht nicht verbunden, so werden die Wellen in sich selbst zurückkehren und wieder zur Flüssigkeit gelangen, deren elementaren Bestandteilen sie denselben energetischen Impuls zurückversetzen, den sie von ihnen empfangen. Ausgenommen etwa den Betrag davon, der durch Leitungsverluste verloren ging und von dem wir hier absehen. Die Flüssigkeit verliert in diesem Falle also keine Energie. Verbinden wir die Metalle aber leitend durch den Schließungsdraht *d*, so durcheilen beide Wellen den Draht in entgegengesetzter Richtung. Ihre Differenz kann als elektrischer Strom nach außen wirken. Das Zink oder die angrenzende Flüssigkeitsmasse verliert dadurch die Energie e_z und gewinnt vom Kupfer oder richtiger von dessen angrenzender Flüssigkeitsmasse die Energie e_k. Umgekehrt wird beim Kupfer die Energie e_k verloren und e_z gewonnen.

Ist $e_z < e_k$, was gewöhnlich der Fall ist, die Gründe dafür können wir hier nicht untersuchen, so fließt der aktive, wirksame Ätherstrom vom Zink zum Kupfer und beim *Z* wird aus der Masse der angrenzenden Flüssigkeit Energie verbraucht, beim Kupfer aber so viel disponibel, als auf dem Stromwege durch anderweitige Arbeitsleistung nicht aufgezehrt wurde. Die Energie wird von den Elementarteilchen der Flüssigkeit direkt aufgenommen oder abgegeben.

Wird einem Molekül der Flüssigkeit beim Zink Energie entzogen, so kann es, wenn sich die Flüssigkeit für unsere Zwecke eignet; wir sprechen ja von konkreten Vorrichtungen; in der Weise, die wir in § 11 und § 12 kennen lernten, in einen Energiezustand kommen, der eine chemische Affinität zum Zink bedeutet. Das Zink geht dann mit der Flüssigkeit eine chemische Verbindung ein, wobei die für die Erzeugung der

Ätherwellen verbrauchte Energie durch die Verbindungswärme des Zinks mit dem Elektrolyten ersetzt wird. Zink geht in dem Maße in Lösung, als Elektrizität erzeugt wird. Es ist dabei nicht ausgeschlossen, daß nebenbei noch ein Körper vom Zink ausgeschieden wird. Die hierzu notwendige Energie muß natürlich ebenfalls das Zink hergeben.

Beim Kupfer wird Energie disponibel, hier wird also in derselben Weise ein Körper aus der Flüssigkeit ausgeschieden werden können.

Die verbrauchte Energie beim Zink und die disponible beim Kupfer sind gleich groß, wenn Elektrizität nicht im Schließungskreise zur Arbeitsleistung verbraucht wird, im andern Falle verringert sich die disponible Energie beim Kupfer in dem Maße, als sich Elektrizität in andere Energien umsetzt.

Wir können den Hergang so ausdrücken: Die äußere elektrische Arbeit eines galvanischen Elements ist äquivalent der Verbindungswärme des positiven Metalls, des Zinks, zum Elektrolyten vermindert um die Verbindungswärme des beim negativen Stoff ausgeschiedenen Körpers und der Verbindungswärme des event. auch beim Zink freigewordenen Körpers.

Man kann die Entstehung eines elektrischen Stromes in einem galvanischen Element auch mehr im Sinne unserer Ausführung zur Entstehung statischer Elektrizität auf Seite 123 ff. auffassen. Danach würden die Ätherverbindungen auf der Zinkplatte durch die Energie des Elektrolyten dissoziiert. Es würde als Dissoziationsprodukt auf dem Zink der Teil Äther oder ein chemisch nahe verwandter Teil von dem Teil Äther zurückbleiben, der dem Äther auf der Kupferplatte durch denselben Vorgang genommen wird. Der Äther auf der Kupferplatte erhält somit eine große chemische Affinität zum Äther auf der Zinkplatte und beide strömen zusammen.

Die tatsächlichen Vorgänge sind wohl eine komplizierte Verkettung solcher und der Vorgänge unserer ersten Darstellung. Daß man auf letztere, auf rein dynamische Weise allein Ströme erhalten kann, scheinen die lichtempfindlichen galvanischen Elemente zu beweisen (E.T.Z. 1902 Seite 929). Wenn man zwei (oxydierte) Kupferplatten in eine Flüssigkeit stellt, erhält man unter gewöhnlichen Umständen keinen elektrischen Strom. Sobald man aber die eine scharf belichtet, ihrer Ätherhülle also mehr Energie zuführt, entsteht ein elektrischer Strom von der belichteten Platte zur unbelichteten, ganz im Sinne unserer ersten Darstellung der Vorgänge in einem galvanischen Element.

Ähnlich, aber noch komplizierter sind die molekularen Vorgänge bei sekundären elektrolytischen Prozessen, weil hier zwei an sich gleichartige, nur in der Energiemenge verschiedene Vorgänge wechselseitig ineinander greifen.

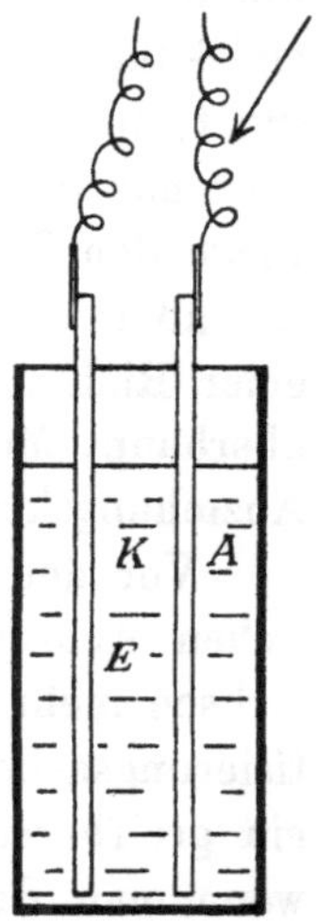

Fig. 25.

In Fig. 25 sei *E* eine elektrolytische Flüssigkeit, in der die Elektroden *K* und *A* eintauchen. *A* sei mit dem positiven Metall, *K* mit dem negativen davon verbunden. Bei *A* wird also molekulare Energie abgegeben. Gleichzeitig werden aber auch in *A* von *E* Ätherwellen erzeugt und dazu Energie verbraucht.

Gewöhnlich wird die ankommende Energie die stärkere sein und bei *A* etwas abgeschieden werden. Bei *K* kann das Resultat dasselbe sein oder das umgekehrte, es kann ebenfalls etwas abgeschieden werden oder etwas in Lösung gehen, je nachdem Energie bei *K* disponibel ist oder verbraucht wird.

Wir sehen, wir kommen ohne Ionen aus. Wir könnten unter Ionen aber teilweise dissoziierte Molekeln verstehen, oder solche Molekeln, die relativ in bezug auf benachbarte ein Dissoziationsprodukt darstellen. Nach unserer Auffassung statischer elektrischer Zustände könnten wir dann die Ionen auch elektrisch geladene nennen. Das wären aber nur Hilfsbezeichnungen. Durch die Interferenztheorie lösen sich die Ionenreaktionen wie überhaupt die elektrischen Prozesse auf die relativ einfachste Weise in ein Streben der molekularen Bestandteile der Körper und des Weltalls nach einer energetischen Gleichgewichtslage auf, Vorgänge, die wir im großen und rohen immerfort in der Natur zu sehen gewohnt sind und für etwas genügend begründetes Selbstverständliches halten.

Wir kommen nun zum Schlusse zum scheinbar reinen Magnetismus des Eisens und einiger andrer Substanzen, den wir uns nach der Interferenztheorie auch nur erklären können, wenn wir annehmen, daß deren Moleküle ungewöhnliche, und zwar ungewöhnlich regelmäßige Bewegungen ausführen. Wir haben die molekularen Bewegungen konkreter Körper noch zu wenig untersucht, um einen sicheren Überblick zu haben. Das können wir aber mit Sicherheit sagen, wenn die Eisenmole z. B. zum überwiegenden Teil Rotationen in einer Richtung ausführen würden, so daß in der Ätherhülle des Eisens eine Wellenbewegung nach einer Richtung entstehen könnte; so müßte das Eisen, sofern es überhaupt Moleküle und Ätheratome gibt, dieselben besonderen Anziehungskräfte erkennen lassen, die wir Magnetismus nennen.

Vor der Magnetisierung würden die Eisenmole um alle möglichen Achsen rotieren. Durch die Magnetisierung würden die Achsen mehr oder weniger parallel gerichtet werden. Die Magnetisierungsarbeit und die Arbeit der Hysteresis hätten dann ein greifbares Analogon in der Arbeit, die man leisten muß, wenn man die Rotationsebene eines schnell rotierenden Kreisels verändern will.

Vielleicht ist hier der Punkt gekommen, in dem wir zur Erklärung einer Tatsache auf die wirkliche Form der Atome zurückgreifen müssen, von der wir schon auf Seite 80 sprachen. Wir könnten bei den Eisenatomen eine besondere Form voraussetzen. Da Spekulationen darüber aber ins Uferlose führen, lassen wir uns vorläufig nicht darauf ein.

Resümee. Thesen.

Wir glauben hiermit schlagend nachgewiesen zu haben, daß sich die Interferenztheorie als einheitliche Grundlage physikalischer und chemischer Anschauungen eignet und fassen ihre hervorstechenden Sätze in folgende Thesen zusammen.

1. Der Weltenraum ist nur erfüllt von kleinsten bewegten Stoffteilchen oder Atomen (§ 6).

2. Es gibt im Weltenraum keine andern Kräfte als die kinetischen Energien dieser bewegten Atome (§ 6).

3. Die Atome sind unelastisch (§ 6).

4. Die Atome sind ungleicher Größe (§ 6).

5. Aus den Bewegungen der ungleichen unelastischen Stoffteile oder Atome entstehen sekundär alle andern Kraftwirkungen des Weltalls; davon sind zu nennen:

a) allgemeine Anziehungskräfte. Sie haben zur Folge, daß sich die größeren Atome aus den kleinsten ausscheiden und zu Körpern zusammenschließen. Die kleinsten, aber auch nicht ganz gleichförmig großen Atome bilden den Weltäther (§ 9).

b) Besondere Anziehungs- und Druckkräfte (§ 9), die den relativen Aggregatzustand der Körper bedingen, die Schwerkraft (§ 6), der der Weltäther nicht unterworfen ist, da er sich in einer Gleichgewichtslage befindet (§ 9). Der Äther ist deshalb gewichtslos, aber nicht masselos. Die chemischen Kräfte und Eigenschaften der Körper (§ 12); die elektrischen Kräfte (§ 13), die potentielle Energie überhaupt (§ 6).

6. Die Anziehungskräfte, also auch die Schwerkraft, brauchen zu ihrer Fortpflanzung Zeit (§ 6).

In bezug auf die Körper und ihre Erscheinungsformen behauptet die Interferenztheorie:

7. Die Molekeln der Atome aller Körper und die des Äthers sind stofflich nicht voneinander verschieden (§ 12). Sie unterscheiden sich nur durch ihre Größe voneinander und dadurch für eine bestimmte Temperatur durch ihren Energiegehalt.

8. Die chemischen Elemente sind praktisch nicht weiter zu zerlegen. Ihre Atome sind nicht von genau derselben Größe, sie können sich deshalb verschiedenartig energetisch verketten und in verschiedener Form in die Erscheinung treten.

9. Die molekulare Energiequalität eines Körpers, die kinetische Energie seiner Bestandteile und deren Schwingungsfrequenz bei einer bestimmten Temperatur kennzeichnet seine Natur oder seine chemischen oder physikalischen Eigenschaften ohne Rest (§ 12).

10. Eine chemische Verbindung ist eine energetische Verkettung verschiedenartiger Atome ohne stoffliche Verschmelzung (§ 12).

11. Aggregatzustandsänderungen sind gewöhnlich von inneren chemischen Umsetzungen begleitet, deren Verbindungswärme die zur Änderung des Aggregatzustandes notwendige Wärmemenge darstellt (§ 12).

12. Die spezifische Wärme der Körper muß sich mit ihrer Temperatur ändern (§ 9).

13. Die Temperatur der Körper ist proportional dem mittleren Molekulargewicht multipliziert mit dem Quadrat der mittleren Fluggeschwindigkeit der Molekeln; dividiert durch die relative Anzahl der Molekeln in der Volumeneinheit; multipliziert mit dem relativen mittleren Weg der Molekeln.

In bezug auf elektrische Energie:

14. Die Wirkungen eines elektrischen Stromes sind die von Ätherwellen in der Ätherhülle eines Körpers (§ 13).

15. Die Wirkungen statischer Elektrizitätsvorgänge sind die chemischer Vorgänge in den Ätherhüllen der Materie, denn auch der Äther geht unter sich infolge seiner ungleichmäßigen Zusammensetzung verschiedenartige Verbindungen ein.

Die Interferenztheorie ist eine notwendige Konsequenz der Annahme der modernen Chemie und Physik, daß die Materie und der Äther aus diskreten bewegten Teilen besteht. Sie steht und fällt mit dieser Annahme, aber auch diese Annahme mit ihr, nach der alles Geschehen in der Natur eine Wirkung der kinetischen Energie der Substanzteilchen ist.